TEUBNERS TECHNISCHE LEITFÄDEN
BAND 18

AUSGLEICHSRECHNUNG
NACH DER METHODE DER KLEINSTEN QUADRATE

IN IHRER ANWENDUNG AUF PHYSIK
MASCHINENBAU, ELEKTROTECHNIK
UND GEODÄSIE

VON

INGENIEUR VOLLRAT HAPPACH

Springer Fachmedien Wiesbaden GmbH 1923

ISBN 978-3-663-15647-5 ISBN 978-3-663-16222-3 (eBook)

DOI 10.1007/978-3-663-16222-3

Ursprünglich erschienen bei B. G. TEUBNER IN LEIPZIG 1923.

Vorwort.

In der vorliegenden Arbeit habe ich mir die Aufgabe gestellt, die vielseitige Anwendungsmöglichkeit der „Ausgleichungsrechnung nach der Methode der kleinsten Quadrate“ nicht nur auf geodätische, sondern auch auf physikalische, maschinenbau- und elektrotechnische Messungen zu zeigen. Hinsichtlich geodätischer und physikalischer Messungen ist diese Anwendungsmöglichkeit sowie die gelegentliche Notwendigkeit, die Beobachtungen korrekt auszugleichen, unbestritten, nicht aber auch bei technischen Messungen, deren häufig geringe Genauigkeit die Aufwendung besonderer Rechenarbeit nicht lohnend erscheinen läßt; zudem wird vielfach angenommen, daß das Ziel des Ausgleichungsverfahrens lediglich die Ermittelung des wahrscheinlichsten Wertes aus den Beobachtungen sei, und man übersieht, daß der „mittlere Fehler“, den die Rechnung gleichzeitig ergibt, einen überaus wertvollen Anhalt zur Beurteilung der vermutlichen Zuverlässigkeit der Einzelbeobachtung wie des errechneten wahrscheinlichsten Mittelwertes bietet. Gerade bei technischen Messungen ist die Kenntnis des vermutlichen Zuverlässigkeitsgrades von nicht zu unterschätzendem Werte, vor allem wenn die Messungsergebnisse in irgendwelche Rechnungen eingehen oder aus ihnen Schlüsse gezogen werden sollen.

Den praktischen Zwecken, denen das Buch dienen will, entsprechend, ist der zahlenmäßigen Rechnung ein ganz besonders breiter Raum zugestanden worden, während die Theorie lediglich so weit behandelt ist, als es zum Verständnis der benutzten Formeln notwendig erschien. Immerhin dürften die den Aufgaben vorangestellten mathematischen Ableitungen ausführlich genug sein, um auch dem Neuling auf dem Gebiete der Ausgleichungsrechnung klar zu machen, worauf es ankommt, zumal ich mich bei aller Kürze möglichster Einfachheit des Ausdruckes befleißigte. Die behandelten Aufgaben, die fast sämtlich neu gebildet wurden, sind den Gebieten: Technische Physik, Elektrotechnik, Maschinenmeßkunde und der Geodäsie entnommen; sie sind teils vollständig durchgerechnet, teils durch Angabe wenigstens der Lösung sichergestellt.

V. Happach.

Inhalt.

I. Allgemeines über Fehler und Genauigkeit einer Messung.

1. **Einteilung der Fehler; Aufgabe der Ausgleichungsrechnung.** Die Ergebnisse aller experimentellen Forschung stützen sich auf *Messungen*. Infolge der Unvollkommenheit der benutzten Hilfsmittel sowie unserer Sinne, schließlich auch infolge gewisser äußerer, unkontrollierbarer Einflüsse sind unsere Messungen selbst bei Beobachtung aller erdenklicher Vorsicht niemals ganz fehlerfrei. Gehen die fehlerbehafteten Maßzahlen noch in irgendwelche Gleichungen ein, so sind auch die aus diesen Gleichungen bestimmten Größen mit Fehlern behaftet, die im allgemeinen die mögliche Rechengenauigkeit bei weitem übersteigen.

Es ist in der Regel nicht möglich, die Größe des *wahren* Fehlers einer Beobachtung jeweils anzugeben, da ja der Zweck der Messung gewöhnlich der ist, einen der Wahrheit möglichst nahekommenden Wert erst zu finden; man kennt bestenfalles die Ursachen, welche Fehler bzw. Unsicherheiten der Messung veranlassen. Sieht man von *groben* und von den durch geeignete Messungsmethoden gleichfalls meist leicht vermeidlichen *systematischen* und *konstanten* Fehlern ab, so sind die im Messungsresultat in die Erscheinung tretenden restierenden Widersprüche bzw. Fehler sog. *zufällige* Fehler, deren Ursachen man nach Berndt einteilen kann in

1. innere (Konstruktionsmängel der Instrumente, wie Teilungsungenauigkeiten usw., ferner elastische Nachwirkung bei Federn usf.);
2. äußere (unkontrollierbare Einflüsse der Temperatur, Luftfeuchtigkeit usw., fremde Magnetfelder, elektrostatische Einflüsse u. dgl.);
3. physiologische (Schätzungsfehler, Folgen der Ermüdung).

Die aufgezählten Einflüsse wirken teils zusammen, zum andern Teil heben sie sich auf — bei jeder Messung jedoch in verschiedenem Maße und in verschiedener Weise.

Aufgabe der Ausgleichungsrechnung ist es nun, durch Ableitung eines alle unvermeidlichen Fehlerursachen einschließenden sog. „mittleren" Fehlers einen Anhalt zur Beurteilung der mutmaßlichen Genauigkeit der Einzelbeobachtung zu geben; außerdem soll das Rechnungsverfahren in Fällen, wo überschüssige Beobachtungen zur Bestimmung einer oder mehrerer Größen ausgeführt wurden, den wahrscheinlichsten Wert derselben sowie ihren mittleren Fehler zu bestimmen suchen.

2. **Der mittlere Fehler als Maß für die Genauigkeit einer Messung; der zulässige Maximalfehler.** Es werde zunächst angenommen, der wahre Wert X einer Beobachtung sei bekannt. Führt man mehrere Beobachtungen $L_1, L_2 \ldots L_n$ aus, so werden sie im allgemeinen von dem Sollwert X um kleinere Beträge $\varepsilon_1, \varepsilon_2 \ldots \varepsilon_n$ abweichen. Die Differenzen *Wahrer Wert minus Beobachtung*, also die Größen $\varepsilon_1, \varepsilon_2 \ldots \varepsilon_n$, nennen wir *Fehler*, und die Gleichungen

$$\begin{aligned} X - L_1 &= \varepsilon_1 \\ X - L_2 &= \varepsilon_2 \\ \vdots \quad & \quad \vdots \\ X - L_n &= \varepsilon_n \end{aligned} \tag{1}$$

heißen entsprechend *Fehlergleichungen*.

Sind die Beobachtungen frei von groben oder systematischen Fehlern, so wird die Summe der Fehler, also der Ausdruck

$$\varepsilon_1 + \varepsilon_2 + \cdots + \varepsilon_n$$

oder in der von Gauß vorgeschlagenen, im folgenden ständig angewandten kürzeren Schreibweise

$$[\varepsilon]$$

(lies: Summe der ε) gleich oder nahe gleich Null sein:

$$[\varepsilon] \backsim 0. \tag{2}$$

Das Erfülltsein dieser Bedingung bildet, sofern eine nicht zu kleine Anzahl von Beobachtungen vorliegt, eine wertvolle, freilich nicht untrügliche Kontrolle für das Fehlen grober oder einseitiger Fehler, d. h. für die *Richtigkeit der Messung*.

Die $\varepsilon_1, \varepsilon_2$ usw. können als Maßstab für die *Genauigkeit*[1]) jeder einzelnen Beobachtung dienen; da sie aber im allgemeinen sowohl ihrer Größe nach als auch hinsichtlich ihres Vorzeichens unterscheiden, geben sie an sich noch keinen Aufschluß über die Genauigkeit der einzelnen Beobachtung im Durchschnitt. Um hierfür einen zahlenmäßigen Ausdruck zu finden, kann man verschieden verfahren. Laplace schlug z. B. vor, die Einzelfehler ε ohne Berück-

---

1) Man beachte den Unterschied zwischen den Begriffen „richtig" und „genau"! Die Erdbeschleunigung g ist beispielsweise mit $g = 9{,}79235$ genauer angegeben als mit $g = 9{,}81$; der scheinbar ungenauere Wert 9,81 kann aber sehr wohl der richtigere sein, wenn nämlich der wirkliche Wert $g = 9{,}8124$ ist. Streng genommen ist nur die Ausgleichung *richtiger* Beobachtungen möglich. — Der Begriff „zuverlässig" schließt den der Richtigkeit *und* der Genauigkeit in sich ein.

sichtigung ihres Vorzeichens zu addieren und die Summe durch die Anzahl der Beobachtungen zu dividieren. Der sich ergebende Ausdruck

$$d = \frac{[\text{abs. } \varepsilon]}{n} \tag{3}$$

heißt *durchschnittlicher Fehler*; seine allgemeine Anwendung stößt jedoch auf Schwierigkeiten, die vorzüglich darin begründet liegen, daß den Einzelfehlern ε durch Wegnahme ihres Vorzeichens Gewalt angetan werden muß. Von diesem Mangel frei ist der von Gauß vorgeschlagene, oben bereits erwähnte „*mittlere Fehler*", der durch die Gleichung

$$m = \pm \sqrt{\frac{[\varepsilon \cdot \varepsilon]}{n}} \tag{4}$$

definiert ist. Wegen der Quadrierung der einzelnen Fehler liefert die Wurzel stets reelle Werte; das doppelte Vorzeichen deutet an, daß der mittlere Fehler einer Beobachtung ebensogut positiv wie negativ sein kann.

Durch Multiplikation des mittleren Fehlers mit dem Koeffizienten 0,68 erhält man den *wahrscheinlichen Fehler* w, d. h. jene Zahl, von der mit gleicher Wahrscheinlichkeit behauptet werden kann, daß der wirklich begangene Fehler kleiner, wie daß er größer sei als sie:

$$w = 0{,}68\, m \tag{5}$$

Für die Wissenschaft wie für die Rechenpraxis hat jedoch lediglich der *mittlere Fehler* Bedeutung erlangt; er ist — abgesehen von dem unwahrscheinlichen Fall, daß sämtliche Einzelfehler, absolut genommen, unter sich gleich sind — stets *größer* als der durchschnittliche Fehler, er wertet aber auch die einzelnen Abweichungen erheblich strenger als dieser, da die größeren Abweichungen bei der Bildung der Fehlerquadrate ganz besonders ins Gewicht fallen. Ein Beispiel möge dies erläutern:

Die Erdbeschleunigung, deren wahrer Wert $g = 9{,}80890$ sei, wurde von zwei verschiedenen Beobachtern nach dem gleichen Verfahren je 10mal bestimmt; die erhaltenen Werte sind in den Spalten L der nachstehenden Auswertung zusammengestellt (s. nächste Seite).

Die Berechnung des durchschnittlichen Fehlers läßt die erste Beobachtungsreihe als die weniger gute erscheinen, während sie unserem Empfinden nach doch offenbar zuverlässiger ist als die zweite, in der das Vorkommen zweier, den Durchschnitt beträchtlich übersteigenden Abweichungen unser Bedenken erregt. Die Berechnung des mittleren Fehlers ergibt denn auch im zweiten Falle einen erheblich größeren Wert als im ersten, woraus wir schließen dürfen, daß die erste Beobachtungsreihe tatsächlich die zuverlässigere und deswegen wertvollere ist. *Allgemein gilt der reziproke Wert des mittleren Fehlers als Maßstab für die Genauigkeit einer Messungsreihe.*

I. Beobachter				II. Beobachter			
Beobachtung	Rechnung			Beobachtung	Rechnung		
L	ε[1] +	ε[1] —	ε · ε	L	ε +	ε —	ε · ε
9,8084	5		25	9,8081	8		64
86	3		9	91		2	4
93		4	16	89	0		0
91		2	4	88	1		1
84	5		25	99		10	100
93		4	16	85	4		16
92		3	9	89	0		0
86	3		9	91		2	4
94		5	25	91		2	4
91		2	4	90		1	1
	16	— 20	142		13	— 17	194
	[ε] = — 4				[ε] = — 4		

$$d_{\mathrm{I}} = \frac{16+20}{10} = 3{,}6 \text{ Einheiten der 4. Dezimale}$$

$$d_{\mathrm{II}} = \frac{13+17}{10} = 3{,}0 \quad \text{„ „ „ „}$$

$$m_{\mathrm{I}} = \sqrt{\frac{142}{10}} = \pm\, 3{,}8 \quad \text{„ „ „ „}$$

$$m_{\mathrm{II}} = \sqrt{\frac{194}{10}} = \pm\, 4{,}4 \quad \text{„ „ „ „}$$

Das Vorkommen der großen Abweichungen in der zweiten Beobachtungsreihe führt zur Erörterung der Frage: Bis zu welchem Betrage sind die Fehler noch als zufällig, von welchem Betrage ab sind sie als grobe Fehler anzusehen?

Die Wahrscheinlichkeitsrechnung zeigt, daß

der 1-fache m. F. unter	3	Beobachtungen
„ 2 „ „ „ „	22	„
„ 3 „ „ „ „	368	„
„ 4 „ „ „ „	15800	„

einmal überschritten wird. Diese Zahlen geben zwar einen gewissen Anhalt, doch ist eine in allen Fällen gerechte Entscheidung wegen der Natur der verschiedenen Fehlerursachen nicht möglich. Im allgemeinen ist es üblich, einen Fehler noch als zulässig anzusehen, solange er nicht den 3-fachen Betrag des m. F. überschreitet:

$$\varepsilon_{\max} = 3\,m \tag{6}$$

Für die Praxis bedeutet das, daß unter je rund 400 Beobachtungen eine als unbrauchbar ausgeschaltet wird, obwohl lediglich infolge

1) Als Fehler sind hier die Abweichungen in der 4. Dezimalstelle genommen, ein Verfahren, von dem wegen der größeren Bequemlichkeit der Zahlenrechnung häufig Gebrauch gemacht wird.

einer unglücklichen Häufung der Fehlereinflüsse der Fehler zufällig einmal den Betrag von $3m$ überstieg, während andererseits grobe Fehler bis zu demselben Betrage unbeanstandet bleiben.

1. Aufgabe. Die nachstehend zusammengestellten Produkte, die sämtlich etwa den Wert 300 haben, sind einmal mit einem Rechenschieber von 25 cm Länge, zum andern direkt berechnet worden. Es soll zur Beurteilung der Genauigkeit, mit der der Rechenschieber das Produkt 300 bei einmaliger Berechnung mitzuteilen gestattet, der m. F. eines Rechenschieberresultates berechnet werden.

Produkte	X (Direkte Ausr.)	L (Rechensch.-Resultat)	Produkte	X (Direkte Ausr.)	L (Rechensch.-Resultat)
$\frac{14{,}82 \cdot 15{,}94}{0{,}8125}$	290,8	291,5	$\frac{34{,}65 \cdot 56{,}38}{6{,}496}$	300,7	301
$\frac{14{,}55 \cdot 8{,}344}{0{,}4035}$	300,9	301,5	$\frac{78{,}84 \cdot 89{,}52}{23{,}18}$	304,5	304
$\frac{22{,}27 \cdot 40{,}81}{2{,}950}$	308,1	307,5	$\frac{93{,}74 \cdot 12{,}85}{3{,}920}$	307,2	307
$\frac{2{,}844 \cdot 18{,}93}{0{,}1815}$	296,6	297			

Lösung: Man vervollständige die Zusammenstellung durch Berechnung der ε und $\varepsilon \cdot \varepsilon$. Aus der Summe der $\varepsilon\varepsilon$:

$$[\varepsilon\varepsilon] = 1{,}75$$

ergibt sich dann der m. F. nach Gl. 4 zu

$$m = \sqrt{\frac{1 \cdot 75}{7}} = \pm\, 0{,}5 = \pm\, 0{,}17\,\%.$$

3. **Der mittlere Fehler, bedingt durch mehrere Fehlerursachen.** Es wurde bereits darauf hingewiesen, daß die einzelnen Beobachtungsfehler meist die Folge des Zusammenwirkens mehrerer Fehlerursachen sind. Wenn nun in dem (wahren oder mittleren) Endfehler m einer Beobachtung die einzelnen Ursachen, welche die Fehler m_1, m_2 m_n zur Folge haben mögen, erkennbar sind, so gilt die Beziehung

$$m = \pm \sqrt{m_1^2 + m_2^2 + \cdots + m_n^2} \tag{7}$$

2. Aufgabe. Um die Genauigkeit zu ermitteln, mit der mittels eines fehlerfrei geteilten Anlegemaßstabes eine Länge aus einer Zeichnung entnommen werden kann, mißt man 10 verschiedene Längen je 2 mal, und zwar in der Weise, daß der Maßstab nicht mit der Nullmarke, sondern mit einem beliebigen, jedesmal besonders zu bestimmenden Maße an das eine Ende der 10 Strecken gelegt wird. Wie groß sind:

a) Der m. F. einer Differenz?
b) Der m. F. einer Längenmessung?
c) Der m. F. einer Ablesung am Maßstab?

Messung I		Messung II		Messung I		Messung II	
Anfang mm	Ende mm	Anfang mm	Ende mm	Anfang mm	Ende mm	Anfang mm	Ende mm
16,5	131,7	53,9	169,0	16,8	144,7	28,0	155,8
21,9	119,7	46,1	143,9	51,0	96,1	22,1	67,2
31,3	127,9	75,8	172,3	33,9	193,3	40,9	200,4
55,8	116,8	40,1	101,1	12,7	95,3	54,6	137,3
5,4	108,8	21,2	124,6	71,5	111,7	35,1	75,2

Lösung: a) Der Sollwert der Differenz zweier jeweils zusammengehöriger Längenmessungen ist Null; die sich ergebenden Abweichungen sind somit als wahre Fehler der Differenz anzusehen, deren mittlerer Fehler sich nach Gl. 4 berechnen läßt. Im vorliegenden Falle erhält man als m. F. einer Differenz

$$m_d = \pm\ 0{,}078 \text{ mm}.$$

b) Zur Bestimmung des m. F. m_L einer Längenmessung überlege man, daß m_d sich zusammensetzt aus den mittleren Fehlern, mit denen jede der beiden Einzelmessungen behaftet ist. Da beide Messungsreihen mit gleicher Sorgfalt aufgestellt wurden, muß angenommen werden, daß ihre m. F. gleich sind, so daß Gl. 7 ergibt:

$$m_d = \sqrt{m_{\mathrm{I}}^2 + m_{\mathrm{II}}^2} = \sqrt{2\, m_L^2}.$$

Hiernach berechnet sich der mittlere Fehler einer Längenmessung zu

$$m_L = \frac{m_d}{\sqrt{2}} = \pm\ 0{,}055 \text{ mm}.$$

c) Jede Längenmessung ist aus zwei Ablesungen zustande gekommen, deren jede mit dem gleichen m. F. m_a behaftet sein wird. Gleichung 7 liefert wieder

$$m_L = \sqrt{2\, m_a^2}; \quad m_a = \frac{m_L}{\sqrt{2}} = \pm\ 0{,}039 \text{ mm}.$$

3. Aufgabe. Die Längenausdehnungskoeffizienten von 5 Metallen wurden sämtlich mit denselben Apparaten und nach dem gleichen Verfahren je zweimal bestimmt zu:

I. Messung	II. Messung
0,00001126	0,00001132
2879	2891
2504	2496
1849	1859
0788	0791

Gesucht wird der m. F. einer Messung.

Lösung: Man bestimme wieder die Fehler der einzelnen Differenzen und erhält, wenn man der bequemeren Rechnung wegen lediglich die Abweichungen in der 8. Dezimale betrachtet,

$$[\varepsilon \cdot \varepsilon] = 353.$$

Hieraus folgt als m. F. einer Differenz

$$m_d = \pm 8,4 \text{ Einheiten der 8. Dezimalstelle.}$$

Dieser Fehler ist zusammengesetzt aus den als gleichgroß anzusehenden mittleren Fehlern von zwei Messungen; für die Einzelmessung ergibt sich somit:

$$m = \frac{m_d}{\sqrt{2}} = \pm 6 \text{ Einheiten in der 8. Dezimale.}$$

Allgemein läßt sich aus Beobachtungsdifferenzen der m. F. der Einzelmessung berechnen zu

$$m = \sqrt{\frac{[\varepsilon \cdot \varepsilon]}{2n}} \tag{8}$$

wobei n die Anzahl der *Doppelmessungen,* ε die Beobachtungsdifferenzen bedeuten.

4. *Aufgabe.* Gelegentlich der Bestimmung der Empfindlichkeit einer Wage wurden folgende Beobachtungen gemacht:

a) Bei der Belastung 10 g

I. Beobachtung		II. Beobachtung	
Zeigerstellungen			
links	rechts	links	rechts
3,5	15,6	4,2	15,2
4,1	15,2	4,7	14,5
4,8		5,3	
Mittel: 4,133	15,400	4,733	14,850

b) Bei der Belastung 10 g + 5 mg Übergewicht.

I. Beobachtung		II. Beobachtung	
Zeigerstellungen			
links	rechts	links	rechts
3,6	13,4	6,2	10,6
4,2	12,7	6,7	10,1
4,8		7,3	
Mittel: 4,200	13,050	6,733	10,350

Es ist der m. F. einer Ruhelagebestimmung anzugeben.

Lösung:

	Ruhelage I	Ruhelage II	ε[1])	ε · ε
a	9,767	9,792	+ 25	025
b	8,625	8,542	− 83	6889
			− 58	7514

Hieraus der m. F. einer Ruhelagebestimmung nach Gl. 8

$$m = \sqrt{\frac{7514}{4}} = \pm 43 \text{ Einheiten in der 3. Dezimale.}$$

1) Fehler in der 3. Dezimale.

II. Ausgleichung direkter Beobachtungen gleicher Genauigkeit.

4. **Das arithmetische Mittel.** Bei den bisherigen Betrachtungen war angenommen, daß die Wahrheit X — der Sollwert der Beobachtungen — bekannt sei. Bei den weitaus meisten physikalischen und technischen Messungen ist dies aber keineswegs der Fall; vielmehr soll gewöhnlich die Wahrheit oder doch wenigstens ein Wert, der ihr möglichst nahe kommt, durch die Versuche bzw. durch Rechnung erst ermittelt werden.

Liegen mehrere gleich genaue, unter einander aber etwas verschiedene Beobachtungen $L_1, L_2 \ldots L_n$ zur direkten Bestimmung einer unbekannten Größe x vor, so wäre es ungerechtfertigt, aus den vorliegenden Beobachtungen eine einzige als die „richtige" willkürlich herauszugreifen und die übrigen, weil mit der ausgewählten in Widerspruch stehend, auszuschalten; die übrigen Beobachtungen wären ja dann zwecklos gemacht worden. Man wird vielmehr unter Verwendung sämtlicher Messungen einen Wert zu bestimmen suchen, der mit allen Beobachtungen nach Möglichkeit wenig in Widerspruch steht. Dieser Wert müßte in bezug auf die Einzelbeobachtungen gewisse Bedingungen, die vorher festzulegen sind, erfüllen. So könnte man sich beispielsweise dahin einigen, daß man als „günstigsten" Wert grundsätzlich den ansieht, für den die Summe der Widersprüche gleich Null wird. In der Tat führt diese Bedingung im vorliegenden Sinn zu einem befriedigenden Resultat, denn die Gleichungen

$$\begin{aligned} x - L_1 &= v_1 \\ x - L_2 &= v_2 \\ \vdots \quad & \quad \vdots \\ x - L_n &= v_n \end{aligned}$$

liefern addiert die Beziehung $nx - [L] = [v]$, aus der für $[v v] = 0$ folgt:

$$x = \frac{[L]}{n}$$

d. h. das arithmetische Mittel aus sämtlichen Beobachtungen.

Leider führt dieses einfache Verfahren nicht überall zum Ziele, da gelegentlich die Bedingung $[v] = 0$ nicht genügt und dann unendlich viele Lösungen zuläßt. Gauß hat deswegen vorgeschlagen, es solle derjenige als günstigster Wert angesehen werden, für den die *Summe der vv ein Minimum* werde. Auf dieser Bedingung hat er eine vollständige Theorie der Beobachtungsfehler sowie seine Ausgleichungsrechnung nach der „Methode der kleinsten Quadrate" aufgebaut und damit ein Verfahren geschaffen, das stets nicht nur eindeutig zum Ziele führt, sondern auch unter gewissen Voraussetzungen die nach den Lehren der Wahrscheinlichkeitsrechnung „wahrscheinlichsten“ Werte ergibt.

Daß das arithmetische Mittel auch die Gaußsche Bedingung

$$[vv] \text{ soll Minimum}$$

erfüllt, läßt sich leicht nachweisen.

Die Gleichungen a)

$$\begin{aligned} x - L_1 &= v_1 \\ x - L_2 &= v_2 \\ \vdots \quad & \quad \vdots \\ x - L_n &= v_n \\ \hline n(x) - [L] &= [v] \end{aligned}$$

liefern quadriert:

b)

$$\begin{aligned} x^2 - 2x\, L_1 + L_1^2 &= v_1 v_1 \\ x^2 - 2x\, L_2 + L_2^2 &= v_2 v_2 \\ \vdots \quad & \quad \vdots \\ x^2 - 2x\, L_n + L_n^2 &= v_n v_n \\ \hline \end{aligned}$$

ihre Summe ist $nx^2 - 2x[L] + [L^2] = [v \cdot v]$.

Wenn nun $[v \cdot v]$ ein Minimum werden soll, ist die Summengleichung nach der Unbekannten x zu differenzieren und der Differentialquotient gleich Null zu setzen, also:

c) $$2nx - 2[L] = 0;$$

hiermit berechnet sich tatsächlich x zu $\frac{[L]}{n}$, was wir beweisen wollten.

Wir setzen also fest:

Als günstigster Wert einer Reihe gleichartiger und gleichgenauer Beobachtungen gilt grundsätzlich der, für den die Summe der vv ein Minimum wird:

$$[v \cdot v] \text{ soll Minimum}. \tag{9}$$

Gleichzeitig merken wir an, daß der auf Grund der Bedingung 9 errechnete der *wahrscheinlichste* Wert ist, der sich nach Maßgabe des verwerteten Beobachtungsmaterials überhaupt angeben läßt.[1])

Liegen n gleichgenaue, direkte Beobachtungen $L_1, L_2 \ldots L_n$ vor, so ergibt die Anwendung der Bedingung 9 als wahrscheinlichsten Wert der Einzelbeobachtung das *arithmetische Mittel*

$$x = \frac{[L]}{n}. \tag{10}$$

Er ist dadurch gekennzeichnet, daß er außer der Gaußschen noch die Bedingung erfüllt:

$$[v] = 0 \tag{11}$$

was bei der Zahlenrechnung eine wertvolle Kontrolle für die richtige Mittelbildung darstellt. —

1) Vgl. hierzu Helmert, a. a. O. S. 39.

Wie groß ist nun der mittlere Fehler des arithmetischen Mittels? Gleichung 10 läßt sich in der Form schreiben

$$n \cdot x = L_1 + L_2 + L_3 + \ldots + L_n.$$

Setzen wir nun die mittleren Fehler der einzelnen Beobachtungen unter sich gleich — was wir unbedenklich tun dürfen, da ja kein Grund vorliegt, den Beobachtungen, die wir als gleich genau vorausgesetzt haben, verschiedene mittlere Fehler zuzuerkennen — und zwar gleich m_L, so läßt sich der Fehler des Produktes nx nach Gleichung 7 bestimmen zu

$$m_{nx} = \sqrt{n m_L^2} = m_L \sqrt{n}\,.$$

Der Fehler in x allein ist offenbar gleich dem n ten Teile dieses Fehlers, also

$$m_x = \frac{m_L}{\sqrt{n}}\,. \tag{12}$$

Es bleibt zu erörtern, welche Größe m_L besitzt.

Wäre x in Gleichung 10 — also der Mittelwert der n Beobachtungen — identisch mit dem wahren Wert X, so könnten wir, wie früher, die Fehlergleichungen aufstellen:

$$\text{d)}\quad \begin{array}{rcl} X - L_1 &=& \varepsilon_1\,;\ \varepsilon_1\varepsilon_1 \\ X - L_2 &=& \varepsilon_2\,;\ \varepsilon_2\varepsilon_2 \\ \vdots\quad\ \vdots && \vdots\ ; \\ X - L_n &=& \varepsilon_n\,;\ \varepsilon_n \cdot \varepsilon_n \\ \hline nX - [L] &=& [\varepsilon]\,;\ [\varepsilon \cdot \varepsilon] \end{array}$$

und dann den mittleren Fehler der Einzelbeobachtung berechnen zu:

$$\text{e)}\quad M_L = \sqrt{\frac{[\varepsilon \cdot \varepsilon]}{n}}\,.$$

Tatsächlich ist aber x nur ein Wert, der vielleicht der Wahrheit X sehr nahe kommt, aber mit ihr auf keinen Fall identifiziert werden darf. Die Differenzen $x - L_1$ usw. (Gleichung a) geben ja nicht die *wahren,* sondern nur *„vermutliche"* Fehler; sie sind *Verbesserungen,* die zu den Beobachtungen L hinzugeschlagen werden müssen, damit der wahrscheinlichste Wert x herauskomme. Allgemein lassen sich also die Gleichungen a) lesen:

Wahrscheinlicher Wert minus Beobachtung gleich Verbesserung, weswegen sie am besten wohl „Verbesserungsgleichungen" genannt würden; doch ist es üblich, sie gleichfalls „Fehlergleichungen" zu nennen, da man ja schließlich auch Verbesserungen als Fehler im weiteren Sinne auffassen kann.[1])

---

1) Vgl. hierzu Helmert, a. a. O. S. 39.

Die Kombination der Gleichungen a) und d) liefert nun

$$\text{f)}\quad \begin{aligned} \varepsilon_1 &= v_1 + (X - x) \\ \varepsilon_2 &= v_2 + (X - x) \quad \text{usf.} \end{aligned}$$

Quadriert folgt:

$$\text{g)}\quad \begin{aligned} \varepsilon_1 \cdot \varepsilon_1 &= v_1 \cdot v_1 + 2 v_1 (X - x) + (X - x)^2 \\ \varepsilon_2 \cdot \varepsilon_2 &= v_2 \cdot v_2 + 2 v_2 (X - x) + (X - x)^2 \\ \vdots \quad & \quad \vdots \qquad\quad \vdots \qquad\qquad \vdots \end{aligned}$$

$$\text{Summe: } [\varepsilon \cdot \varepsilon] = [v \cdot v] + 2[v](X - x) + n(X - x)^2.$$

Nach Gleichung 11 ist $[v] = 0$; von der Summengleichung bleibt also übrig

$$\text{h)}\quad [\varepsilon \cdot \varepsilon] = [v \cdot v] + n(X - x)^2,$$

woraus zunächst lediglich zu ersehen ist, daß

$$\text{i)}\quad [\varepsilon \cdot \varepsilon] > [v \cdot v].$$

Wenn nun in der Gleichung e) der unbekannte Ausdruck $[\varepsilon \cdot \varepsilon]$ durch den kleineren Wert $[v \cdot v]$, den wir berechnen können, ersetzt wird, so wird unbedingt der Nenner n gleichfalls entsprechend verkleinert werden müssen. Die Frage ist jetzt, in welchem Maße das zu geschehen hat.

Die Differenz $(X - x)$, d. i. die Abweichung des arithmetischen Mittels von dem unbekannten wahren Wert X, läßt sich naturgemäß ihrer wahren Größe nach niemals angeben, doch haben wir in dem oben (Gl. 12) abgeleiteten mittleren Fehler m_x des arithmetischen Mittels einen guten Nährungswert, durch dessen Einführung Gleichung h) übergeht in

$$[\varepsilon \cdot \varepsilon] = [v \cdot v] + n \frac{m_L^2}{n},$$

oder

$$\text{k)}\quad [\varepsilon \cdot \varepsilon] = [v \cdot v] + \frac{m_L^2}{n}.$$

Andererseits ist $[\varepsilon \cdot \varepsilon]$ mit aller Strenge definiert durch Gleichung 4 zu

$$\text{l)}\quad [\varepsilon \cdot \varepsilon] = n \cdot m_L^2,$$

woraus folgt

$$[v \cdot v] + m_L^2 = n m_L^2$$

und weiter

$$m_L = \sqrt{\frac{[v v]}{n - 1}} \tag{13}$$

als *mittlere Fehler einer Einzelbeobachtung.*

Der Nenner $n - 1$ stellt darin die Anzahl der überschüssigen Beobachtungen dar. Den mittleren Fehler des arithmetischen Mittelwertes selbst geben nunmehr die Gleichungen 12 und 13 zu

$$m_x = \sqrt{\frac{[v v]}{n(n - 1)}}. \tag{14}$$

Zur zahlenmäßigen Ausgleichung gleichgenauer Beobachtungen, die sämtlich zur direkten Bestimmung derselben Größen x dienen sollen, sind demgemäß folgende Rechenoperationen nötig:

1. Bilden des arithmetischen Mittels; dies ist der gesuchte wahrscheinlichste Wert.
2. Durch Bilden der Differenzen (Mittelwert minus Beobachtung) erhält man die Verbesserungen v, deren Summe gleich Null sein muß.
3. Quadrieren der einzelnen v; Addition der Quadrate gibt $[v \cdot v]$.
4. Berechnen der mittleren Fehler der Einzelbeobachtung wie des Mittelwertes nach den Gleichungen 13 und 14.

5. *Aufgabe.* Mit einer Mohrschen Wage wurde die Dichte einer Flüssigkeit 10 mal bestimmt. Welches ist der wahrscheinlichste Wert und sein mittlerer Fehler? Wie groß ist der mittlere Fehler einer Einzelmessung?

Beobachtungen L	Berechnung v		vv
	+	−	
0,9345	3		9
48	0		0
52		4	16
47	1		1
48	0		0
44	4		16
50		2	4
49		1	1
46	2		4
51		3	9
Mittel: 0,93 480	10	− 10	60 = $[v \cdot v]$

Kontrolle: $[v] = 0$

$$m_L = \sqrt{\frac{60}{9}} = \pm 2{,}6 \text{ Einh. in der 4. Dezimale}$$

$$m_x = \frac{2{,}6}{\sqrt{10}} = \pm 0{,}8 \text{ Einh. in der 4. Dezimale.}$$

Lösung: Siehe nebenstehend; man erhält als wahrscheinlichsten Wert

$$x = 0{,}93\,480 \pm 0{,}00\,008$$

und für den m. F. der Einzelbeobachtung

$$m_L = \pm 0{,}00026 .$$

6. *Aufgabe.* Den Durchmesser eines Drahtes mißt man mit einem Mikrometer an 10 verschiedenen Stellen wie folgt:

1.	2.	3.	4.	5. Messg.
D = 0,64	0,62	0,67	0,61	0,63 mm
6.	7.	8.	9.	10. Messg.
D = 0,65	0,68	0,63	0,65	0,66 mm

Es ist der Mittelwert und sein m. F. zu bestimmen.

Lösung:

$$D_x = 0{,}644 \pm 0{,}007 \text{ mm} .$$

7. *Aufgabe.* Der stündliche Dampfverbrauch einer Dampfmaschine wurde mehrmals unter stets denselben Bedingungen ermittelt wie folgt:

1.	2.	3.	4.	5. Messung
1527	1512	1531	1543	1518 kg.

Es ist der Mittelwert und der Grad der Zuverlässigkeit dieser Angabe in Prozenten anzugeben.

Lösung: Der Mittelwert ist 1513,0 kg; $[vv]$ berechnet sich zu 542; hieraus folgt $m_x = \pm 5{,}2$ kg $= 0{,}34\,\%$ von 1513; somit

$$x = 1513 \text{ kg} \pm 0{,}34\,\%.$$

8. Aufgabe. Bei der Bestimmung der Konstanten C einer Tangentenbussole stellte man während der Dauer des Versuches in gleichen Zeitabständen 5 mal den Ablenkungswinkel α fest, indem man jedesmal beide Nadelenden ablas, den Strom wendete und nochmals beide Nadelenden ablas. Welche Genauigkeit beansprucht das Mittel aus allen Beobachtungen?

Nr.	Nadelenden		Strom gewendet Nadelenden	
	links	rechts	links	rechts
1	44,2°	44,3°	44,4°	44,2°
2	44,6	44,6	44,5	44,4
3	44,3	44,5	44,4	44,5
4	44,2	44,3	44,2	44,3
5	44,5	44,7	44,6	44,5

Lösung:

$$\alpha = 44{,}41^0 \pm 0{,}04^0$$

In dem angegebenen mittleren Fehler sind enthalten: 1. Die Ungenauigkeiten der Ablesungen durch Schätzungsfehler; 2. Die Ungenauigkeiten der Zeigereinstellungen infolge Stromschwankungen, Reibung der Nadel und andere Zufälligkeiten.

9. Aufgabe. Es ist der m. F. einer Winkelmessung für einen Theodolit zu bestimmen. Das Fernrohr läßt einen mittleren Visurfehler $m_v = \pm 3''$, jeder der beiden Nonien einen Ablesefehler $m_a = \pm 6''$ erwarten. Bei jeder Richtungsmessung werden die Ablesungen an den Nonien gemittelt.

Lösung:

1. Der m. F. einer Fernrohreinstellung ist m_v.
2. Der m. F. des Mittels aus den beiden Nonienablesungen ist
$$m_a' = \frac{m_a}{\sqrt{2}}.$$
3. Der m. F. einer *Richtungs*messung ist daher
$$m_r = \sqrt{m_v^2 + \frac{m_a^2}{2}}.$$
4. Der m. F. einer *Winkel*messung, die durch zwei Richtungsmessungen zustande kommt, folgt somit zu
$$m_x = \sqrt{2\,m_v^2 + m_a^2} = \pm 7{,}3''.$$

10. Aufgabe. Für eine Rechnung braucht man die Summe der Winkel α und β. α und β sind Mittelwerte aus 12 bzw. 18 Messungen; diese wurden mit einem Theodolit ausgeführt, der für die einzelne Winkelmessung einen m. F. von $\pm 7{,}3''$ erwarten läßt. Mit welchem m. F. ist die Summe $x = \alpha + \beta$ behaftet?

Lösung:

$$x = \alpha + \beta$$

$$m_\alpha = \frac{7{,}3}{\sqrt{12}}; \qquad m_\beta = \frac{7{,}3}{\sqrt{18}}$$

$$m_x = \sqrt{m_\alpha^2 + m_\beta^2} = \pm\, 2{,}7''.$$

25,5
21,8
23,6
24,0
21,2
23,8
26,0
22,7
24,6
21,3

11. Aufgabe. Um festzustellen, wie genau sich mit einer Kreuzscheibe ein rechter Winkel abstecken läßt, verfuhr man folgendermaßen: Von einem Standpunkt A aus visierte man eine Bake B an und wies alsdann eine zweite Bake C im rechten Winkel zur ersten ein. An einem Zentimetermaßstab, der parallel zu $\overline{AB}$ in C lag, las man die nebenstehend zusammengestellten Einweisungen ab. Auf wieviel Bogenminuten genau läßt sich demnach mit dem justierten Instrument durch *eine* Sicht ein rechter Winkel abstecken, wenn die beiden Baken etwa 50 m vom Standpunkte A des Beobachters entfernt waren?

Lösung: Die Genauigkeit *einer* Absteckung berechnet sich zu

$$\sqrt{\frac{25{,}44}{9}} = \pm\, 1{,}68 \text{ cm};$$

dem entspricht bei 50 m Zielentfernung ein Winkel von

$$\frac{1{,}68 \cdot 3438}{5000} = \pm\, 1{,}2'.$$

5. Graphische Darstellung der Gleichung $m_x = \frac{m_L}{\sqrt{n}}$.

Gleichung 12 sagt aus, daß der m. F. des arithmetischen Mittels umgekehrt proportional der Wurzel aus der Anzahl der Beobachtungen zunimmt. Was dies für die Praxis bedeutet, zeigt die für $m_L = 1$ und $n]_1^{20}$ ausgeführte graphische Darstellung der Gleichung

$$m_x = \frac{m_L}{\sqrt{n}}.$$

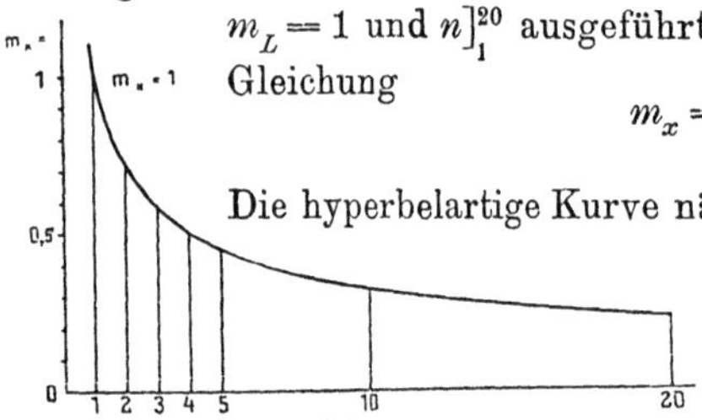

Fig. 1.

Die hyperbelartige Kurve nähert sich mit zunehmendem n asymptotisch der Null, ohne diesen Wert je zu erreichen. Bei den ersten 5 bis 10 Beobachtungen nimmt der m. F. m_x schnell ab, d. h. die Genauigkeit des Mittels nimmt zu; bei noch häufiger Wiederholung hingegen hat diese nur wenig Einfluß auf die Verringerung des mittleren Fehlers. Um beispielsweise den mittleren Fehler, der sich bei 10facher Wiederholung ergibt, auf die Hälfte herabzudrücken, müßte man noch 30 weitere Messungen von der gleichen Genauigkeit ausführen; das heißt: *Es ist unwirtschaftlich, die durch Mangel an Sorgfalt oder durch die Unzulänglichkeit der Instrumente be-*

dingten Ungenauigkeiten der Beobachtungen durch häufige Wiederholung kompensieren zu wollen; vorteilhafter ist es vielmehr, von vornherein Beobachtungsmethode und Apparatur der gewünschten Genauigkeit des Endergebnisses anzupassen.

6. **Mittlerer Fehler einer Funktion von Beobachtungen. (Gaußsches Fehlerfortpflanzungsgesetz.)** Ist ein durch Rechnung zu bestimmendes Resultat L von mehreren Beobachtungen $L_1, L_2 \ldots L_n$ derart abhängig, daß die Beziehung besteht:

$$L = f(L_1, L_2 \ldots L_n),$$

und sind ferner $m_1, m_2 \ldots m_n$ die wahren oder mittleren Fehler der einzelnen Beobachtungen L_1, L_2 usw., so gilt für den m. F. des Resultates die Gleichung:

$$m_L = \pm \sqrt{\left(\frac{\partial f}{\partial L_1} \cdot m_1\right)^2 + \left(\frac{\partial f}{\partial L_2} m_2\right)^2 + \cdots + \left(\frac{\partial f}{\partial L_n} m_n\right)^2}. \quad (15)$$

Diese Gleichung heißt auch *Gaußsches Fehlerfortpflanzungsgesetz.* Sie ist für die physikalische Rechenpraxis von eminenter Bedeutung, gibt sie doch ein Mittel, sich bei gegebener Versuchsanordnung usw. Übersicht über die Größe des zu erwartenden Endfehlers oder über den Einfluß dieses oder jenes Fehlers in einer beobachteten Größe auf das Resultat zu verschaffen. Da die Fehler $m_1, m_2 \ldots$ gegen die $L_1, L_2 \ldots$ meist klein sind, gibt die Gleichung auch dann noch brauchbare Zahlen, wenn für die $L_1, L_2 \ldots$ nicht die strengen, sondern nur genäherte Werte eingeführt werden. Auch sonst lassen sich aus ihr wichtige Schlüsse bezüglich der Fehlerfortpflanzung ziehen. So folgt beispielsweise für

$$L = a \cdot L_1,$$

wobei a eine Konstante bedeute,

$$m_L = a m_1; \quad (16)$$

für das arithmetische Mittel

$$L = \frac{L_1 + L_2 + \cdots + L_n}{n}$$

ergibt sich, wenn man $m_1 = m_2 = \cdots = m$ setzt,

$$m_L = \frac{\sqrt{n\, m^2}}{n} = \frac{m}{\sqrt{n}},$$

wie wir oben bereits auf andere Weise ableiteten.

12. Aufgabe. Zur Bestimmung des Volumens eines prismatischen Körpers mißt man mittels einer Schublehre die drei Kanten

$a = 13{,}4$ mm
$b = 25{,}3$ „
$c = 18{,}7$ „

je auf 0,05 mm genau. Wie groß ist das Volumen und dessen mutmaßlicher Fehler?

Lösung: Es ist das Volumen $V = abc$ und der gesuchte m. F. nach Gl. 15 $m_V = \sqrt{(bc \cdot m_a)^2 + (ac \cdot m_b)^2 + (ab \cdot m_c)^2}$; der Rechenschieber liefert genau genug: $m_V = \sqrt{558 + 157 + 286} = \pm 32$ mm³.

Das gesuchte Volumen ist

$$V = 6340 \pm 32 \text{ mm}^3.$$

Man erkennt, daß es unsinnig wäre, sämtliche bei der direkten Ausrechnung erhaltenen Ziffern (im Beispiel also das Resultat mit $V = 6339{,}674$ mm³) mitzuteilen, da bereits die dritte Stelle um 3 Einheiten unsicher ist!

13. Aufgabe. Das spezifische Gewicht eines Körpers berechnet sich aus seinem Gewichte G_L in Luft und dem Gewichte G_w in Wasser zu

$$s = \frac{G_L}{G_L - G_w}.$$

a) Wie groß ist der m. F. in s, wenn die Fehler in G_L und G_w bzw. m_L und m_w sind?

b) Wie hoch berechnet sich m_s speziell für $G_L = 185{,}5 \pm 0{,}05$ gr
und $G_w = 161{,}6 \pm 0{,}08$ gr?

Lösung: a) Gleichung 15 ergibt

$$m_s = \pm \frac{\sqrt{G_w^2 m_L^2 + G_L^2 m_w^2}}{(G_L - G_w)^2}.$$

b) $m_s = \pm 0{,}032 \frac{\text{gr}}{\text{cm}^3}$; das gesuchte spezifische Gewicht ist daher mit

$$s = 7{,}76 \pm 0{,}03$$

genau genug angegeben!

Man beachte die verhältnismäßig große Ungenauigkeit des Resultates! (Vgl. Aufg. 31.)

14. Aufgabe. Ein elektrischer Kombinationswiderstand aus zwei parallel geschalteten Einzelwiderständen berechnet sich zu

$$w = \frac{w_1 w_2}{w_1 + w_2}.$$

Welches ist der m. F. in w für $w_1 = 10{,}3 \pm 0{,}1\ \Omega$
$w_2 = 15{,}6 \pm 0{,}2\ \Omega$?

Lösung: $$m_w = \frac{\sqrt{w_2^4 m_1^2 + w_1^4 m_2^2}}{(w_1 + w_2)^2} = \pm 0{,}073$$

$$w = 6{,}24 \pm 0{,}07\ \Omega.$$

15. Aufgabe. Die Erdbeschleunigung g soll nach der Formel

$$g = \frac{\pi^2 l}{t^2}$$

experimentell bestimmt werden. Mit welcher Schärfe kann dies geschehen, wenn das ca. 2 m lange Pendel auf 0,32 mm und die Schwingungszeit t auf $\frac{1}{1000}$ Sekunde genau gemessen werden kann?

Lösung:

$$m_g = g\sqrt{\left(\frac{m_l}{l}\right)^2 + \left(\frac{2\,m_t}{t}\right)^2} = 981\sqrt{\frac{0{,}001 + 0{,}08}{200^2}} = \pm\, 1{,}39\,\frac{\text{cm}}{\text{sek}^2}.$$

Diese Rechnung zeigt, daß die Fehler in l und t einen ganz verschiedenen Einfluß auf den Fehler des Resultates haben; im vorliegenden Falle z. B. ist der Fehler des Resultates so gut wie ganz auf das Konto der nicht ausreichend genauen Zeitmessung zu setzen.

16. Aufgabe. Wie genau müßte im vorigen Beispiel die Schwingungsdauer t bestimmt werden, damit ihr Fehler auf den Fehler in g von demselben Einfluß wie der Fehler in l sei?

Lösung: Beide Fehlereinflüsse werden gleich, wenn

$$\frac{m_l^2}{l^2} = \frac{4\,m_t^2}{t^2};$$

hieraus $$\frac{m_t}{m_l} = \frac{t}{2\,l}; \quad m_t = \frac{m_l\,t}{2\,l} = \pm\, 0{,}000011 \text{ sek.}$$

17. Aufgabe. Wie genau müßte der ca. 2 m betragende Abstand l zwischen Spiegel und Ableseskala beim Apparat von Lavoisier zur Bestimmung des linearen Längendehnungskoeffizienten α gemessen werden, damit der m. F. im Resultat 0,5 % nicht übersteige? Die Konstanten des Apparates sowie die übrigen durch Messung zu bestimmenden Daten mögen als fehlerfrei vorausgesetzt werden:

$$r = 25 \text{ mm}; \quad l = 50 \text{ cm}; \quad \varDelta t \backsim 80^0; \quad e \backsim 2 \text{ m}.$$

Zur Auswertung diene die Formel

$$\alpha = \frac{r \cdot \varDelta a}{2\,e l \varDelta t}.$$

Lösung: $$m_\alpha = \sqrt{\left(\frac{r \cdot \varDelta a}{2\,e l^2 \cdot \varDelta t}\right)^2 m_l^2} = \pm\, \alpha\,\frac{m_l}{l}.$$

Der größte für Metalle in Frage kommende Ausdehnungskoeffizient ist etwa $2 \cdot 10^{-4}$; m_α somit 10^{-6}; also

$$10^{-6} = 2 \cdot 10^{-4} \cdot \frac{m_l}{2000} \quad (l \text{ in Millimetern})$$

$$m_l = \pm\, 10 \text{ mm}.$$

Übrigens hätte im vorliegenden Falle eine elementare Betrachtung zu demselben Ergebnis geführt.

18. Aufgabe. Für die Stromstärke i, welche die Nadel einer Tangentenbussole um den Winkel φ ablenkt, gilt bekanntlich:

$$i = C \operatorname{tg} \varphi$$

wobei C eine Apparatkonstante bedeutet. Bei welchem Ablenkungswinkel φ hat ein bestimmter Fehler in φ den geringsten Einfluß auf die nach der oben gegebenen Formel errechnete Stromstärke?

Lösung: Es ist:

$$m_i = \sqrt{\frac{C^2 m_\varphi^2}{\cos^4 \varphi}} = \frac{C m_\varphi}{\cos^2 \varphi} = \frac{i \cdot m_\varphi}{\sin \varphi \cdot \cos \varphi} = \frac{2\, i m_\varphi}{\sin 2\varphi}$$

$$(\text{wegen } \sin 2\alpha = 2 \sin \alpha \cdot \cos \alpha)$$

$$i m_\varphi = \frac{m_i \sin 2\varphi}{2};$$

dieser Ausdruck soll ein Minimum werden, daher

$$\frac{d\,(i \cdot m_\varphi)}{d\varphi} = 0 = \frac{m_i}{2} \cdot 2 \cdot \cos 2\varphi; \quad \cos 2\varphi = 0$$

$$\varphi = 45^0.$$

19. Aufgabe. Es ist der m. F. des Trägheitsmomentes einer rechteckigen Querschnittsfläche anzugeben. Die Seiten seien $b \pm m$ und $h \pm m$; das Trägheitsmoment soll sich auf die durch den Schwerpunkt parallel zu b gehende Achse beziehen.

Lösung: $m_J = \pm \frac{m h^2}{12} \sqrt{h^2 + 9 b^2}.$

Ist $h < b$, so wird $\quad m_J \backsim J \cdot \frac{3\,m}{h}.$

20. Aufgabe. Wie genau läßt sich die Hypotenuse c eines rechtwinkeligen Dreiecks zeichnen, wenn die Katheten auf 0,1 mm und der rechte Winkel auf $\pm\, 0{,}1^0$ genau aufgetragen werden?

Lösung: Es ist $\quad c = \sqrt{a^2 + b^2 - 2\,ab \cos \gamma},$

hieraus $\quad m_c = \frac{\sqrt{(a m_a)^2 + (b m_b)^2 + (ab\, m_\gamma)^2}}{c}.$

Unter Berücksichtigung des Umstandes, daß $1^0 = \frac{1}{57{,}3} = 0{,}01745$ in absolutem Maß ist, ergibt die Zahlenrechnung:

$$m_c = \pm\, 0{,}124 \text{ mm}.$$

21. Aufgabe. Der Flächeninhalt eines Quadrates wurde aus der Seite zu $F = a^2 = 2670 \pm 20 \text{ mm}^2$ bestimmt. Mit welcher Genauigkeit wurde demnach die Quadratseite ermittelt?

Lösung: Aus $$F = a^2$$
folgt $$m_F = \pm 2a \cdot m_a.$$

Hieraus: $$m_a = \frac{m_F}{2a} = \frac{20}{2 \cdot 51{,}6} = \pm 0{,}2 \text{ mm}.$$

22. Aufgabe. Wie genau läßt sich der obere Heizwert eines m^3 Leuchtgas auf Grund des nachstehenden Versuchsprotokolls angeben, wenn die Auswertung nach der Formel zu geschehen hat:

$$H_0 = \frac{W(t_2 - t_1)}{G}.$$

t_1 C^0	t_2 C^0	W kg	G l
17,93	30,95	3,320	10,00
17,90	30,95	$\pm$ 0,005	$\pm$ 0,03
17,86	30,95		
17,87	31,05		
17,86	31,06		
17,92	31,05		
17,90	30,92		
17,88	31,00		

Lösung: Man berechne die Mittelwerte für t_1 und t_2 und die zugehörigen m. F.:

$$t_1 = 17{,}89 \pm 0{,}026;$$
$$t_2 = 30{,}99 \pm 0{,}056.$$

Mit diesen Zahlen ergibt das Gaußsche Fehlerfortpflanzungsgesetz

$$H_0 = 4{,}359 \pm 0{,}025,$$

was einer Zuverlässigkeit von rund 0,6 % entspricht.

23. Aufgabe. Die Neigung einer Setzlinie wird mit Hilfe einer justierten Libelle in der Weise bestimmt, daß man die Stellung der Blase an beiden Enden abliest und das Mittel bildet. Wie genau kann diese Messung erfolgen, wenn der Teilwert der Libelle (= Abstand zweier benachbarter Teilstriche) 6″ und die Unsicherheit einer Ablesung $\pm$ 0,1 Intervall beträgt?

Lösung: Das linke Blasenende werde mit A_l, das rechte mit A_r bezeichnet. Die gesuchte Neigung beträgt dann:

$$x = \frac{A_l - A_r}{2},$$

daher $m_x = \frac{1}{2}\sqrt{m_l^2 + m_r^2} = \pm 0{,}07$ Intervall $= \pm 0{,}4''$.

24. Aufgabe. Eine Rauchgasanalyse ergab folgendes Resultat:

1. Versuch:	7,0 % CO_2	12,5 % O_2	0,8 % CO	79.7 % N
2. „	5,8 % „	16,0 % „	1,2 % „	77,0 % „
3. „	9,0 % „	6,4 % „	0 % „	84,6 % „
4. „	7,8 % „	8,3 % „	0,5 % „	83,4 % „

Es ist der Luftüberschuß l nach der Gleichung

$$l = \frac{\text{N}}{\text{N} - \frac{79}{21}(\text{O}_2 - \frac{1}{2}\text{CO})}$$

zu berechnen und anzugeben, innerhalb welcher Grenzen der Wert während der Versuchsdauer schwankte.

Lösung: Die Berechnung der Mittelwerte ergibt

$$7{,}4 \pm 0{,}67\,\%\ CO_2;\qquad 10{,}8 \pm 2{,}13\,\%\ O_2;\qquad 0{,}62 \pm 0{,}24\,\%\ CO;$$
$$81{,}2 \pm 1{,}74\,\%\ N.$$

Damit liefern die gegebene Formel und das Fehlerfortpflanzungsgesetz:

$$l = 1{,}95 \pm 38\,\%\ \text{Luftüberschuß},$$

d. h. der Luftüberschuß schwankte zwischen 1,6 und 2,3 %.

7. **Bestimmung des mittleren Fehlers mit Hilfe logarithmischer Differenzen.** Die in den Beispielen des vorigen Abschnittes geübte Fehlerberechnung durch Differenzieren ist gelegentlich umständlich; sie läßt sich aber, sofern der gegebene Ausdruck logarithmischer Behandlung zugänglich ist, mit Hilfe sog. logarithmischer Differenzen erheblich vereinfachen.

Ist der gesuchte Wert L von den Beobachtungen a, b, c, die mit den mittleren Fehlern m_a, m_b, m_c behaftet sein mögen, abhängig und besteht die Beziehung

$$L = \frac{ab}{c},$$

so folgt
$$\log L = \log a + \log b - \log c.$$

Der Fehler, mit dem $\log L$ behaftet ist, berechnet sich nach Früherem zu

$$m_{\log L} = \sqrt{(m_{\log a})^2 + (m_{\log b})^2 + (m_{\log c})^2} = \sqrt{\lambda_1^2 + \lambda_2^2 + \lambda_3^2}, \qquad (17)$$

wobei $m_{\log a} = \lambda_1$ den Fehler in $\log a$ darstellt usw.:

$$m_{\log a} = \lambda_1 = \log(a + m_a) - \log a \qquad (1\ )$$
usw.

Diese durch Gleichung (18) definierten *„logarithmischen Differenzen"* sind ohne weiteres aus der Logarithmentafel zu entnehmen als derjenige Einfluß, den beispielsweise die Änderung des Numerus a um den Betrag m_a in der letzten Stelle der Mantisse ausübt. Den m. F. des Resultates findet man ganz entsprechend nach Bildung der Fehlerquadrate $\lambda\lambda$ und Berechnung von $m_{\log L}$ gemäß Gleichung (17) beim Aufschlagen des Numerus L, indem man untersucht, um welchen Betrag ($= m_L$) sich der Numerus L ändert, wenn $\log L$ um $m_{\log L}$ Einheiten in der letzten Stelle vermehrt oder vermindert wird. Es mag, obgleich es selbstverständlich ist, noch erwähnt werden, daß in die Gleichungen (17) und (18) die Beobachtungen und ihre mittleren Fehler stets in gleichen Maßen einzuführen sind.

25. Aufgabe. Gegeben ist das Gewicht $G = 13{,}857\ \text{g} \pm 5\ \text{mg}$ eines Körpers und sein Volumen $V = 1{,}643\ \text{cm}^3 \pm 3\ \text{mm}^3$. Wie groß ist sein spezifisches Gewicht und dessen mittlerer Fehler?

Lösung:

$$s = \frac{G}{V};\ \log s = \log G - \log V.$$

		λ	$\lambda\lambda$
G	1,14167	15,5	265
V	*,78436 [1])	79	6241
s	0,92603		6506

Es ist $m_{\log s} = \sqrt{6506} = 80{,}7$;

daher $s = 8{,}434 \pm 0{,}016$.

Unter Umständen genügt die Angabe $s = 8{,}43 \pm 0{,}02$.

26. Aufgabe. Zur Ermittlung der Konstanten einer Tangentenbussole mittelst eines Kupfervoltameters bestimmte man das Gewicht des Kupferniederschlages zu $Q = 0{,}4387$ g $\pm$ 0,3 mg, die Zeit des Stromflusses zu $t = 1200$ sek $\pm$ 2 sek und den Ablenkungswinkel zu $\alpha = 43{,}3^0 \pm 0{,}1^0$. Wie groß ist demnach die Konstante C und ihr m. F. m_C?

Lösung: $C = \dfrac{Q}{0{,}3294 \cdot t \cdot \operatorname{tg} \alpha}$

$$\log C = \log Q - \log 0{,}3294 - \log t - \log \operatorname{tg} \alpha.$$

		λ	$\lambda\lambda$
Q	2,64217	29	841
0,3294	0,48228	—	—
t	*6,92082	72	5184
tg α	0,02579	150	22500
C	0,07106		28525

Hieraus $m_{\log C} = 169$ und $C = 1{,}1778 \pm 0{,}0046$.

27. Aufgabe. Zur Bestimmung des Brechungsquotienten eines Glases ermittelte man den Einfallswinkel zu

$$\alpha = 30{,}25^0 \pm 0{,}05^0$$

und den Brechungswinkel zu

$$\alpha = 18{,}50^0 \pm 0{,}08^0.$$

Es ist der Brechungsquotient und sein m. F. anzugeben.

Lösung: $n = \dfrac{\sin \alpha}{\sin \beta}$

$$\log n = \log \sin \alpha - \log \sin \beta.$$

		λ	$\lambda\lambda$
α	9,7022	6	36
β	*0,4985	18	324
n	0,2007		360

Aus $[\lambda\lambda] = 360$ folgt $m_{\log n} = 19$; somit

$$n = 1{,}587 \pm 0{,}007.$$

Wollte man die vorstehende Aufgabe mit Hilfe der Gleichung (15) lösen, so hätte man:

$$m_n = \sqrt{m_\alpha^2 \frac{\cos^2 \alpha}{\sin^2 \beta} + m_\beta^2 \cdot \frac{\sin^2 \alpha \cos^2 \beta}{\sin^4 \beta}}.$$

Die m. F. der Winkel müssen, bevor sie in diese Gleichung eingesetzt werden können, in analytisches Maß umgerechnet werden, also:

$$m_\alpha = \frac{0{,}05}{57{,}3};\quad m_\beta = \frac{0{,}08}{57{,}3}$$

---

1) Statt $\log V$ zu subtrahieren, ist es bequemer, die dekadische Ergänzung von $\log V$ zu addieren; es bedeutet *,78436 = 0,78436 − 1 = − 0,21564 = − $\log V$.

und man erhält

$$m_n = \pm \sqrt{\left(\frac{0{,}05 \cdot \cos 30^0}{57{,}3 \cdot \sin 18^0}\right)^2 + \left(\frac{0{,}08 \sin 30^0 \cos 18^0}{57{,}3 \sin^2 18^0}\right)^2} \quad \text{usw.}$$

Die größere Einfachheit der logarithmischen Rechnung ist ohne weiteres einleuchtend.

28. Aufgabe. Die Höhe h eines Schornsteines wird durch Messen einer Distanz d und einer Zenithdistanz z so bestimmt, daß

$$h = d \cdot \operatorname{ctg} z \quad \text{wird.}$$

Es ist die Schornsteinhöhe und ihr m. F. anzugeben für den Fall, daß

$$d = 68{,}3 \pm 0{,}15 \text{ m}$$
$$z = 52{,}5^0 \pm 0{,}1^0.$$

Lösung:

		λ	$\lambda\lambda$
$68{,}3 \pm 0{,}15$	1,8344	9	81
$52{,}5^0 \pm 0{,}1^0$	9,8850	16	256
	1,7194		337

$$\sqrt{337} = \pm 18{,}3$$
$$h = 52{,}41 \pm 0{,}21 \text{ m.}$$

8. **Der prozentuale mittlere Fehler.** Gelegentlich, besonders bei rein technischen Rechnungen oder Messungen, hat man weniger Interesse daran, den absoluten Betrag des m. F., als vielmehr seine prozentuale Größe im Vergleich zum Resultat kennen zu lernen. Setzt man

m_i = mittlerer Fehler der Beobachtung L_i
μ_i = m. F. der Beobachtung L_i, ausgedrückt in Prozenten von L_i,

so gelten die Beziehungen

$$m_i = \frac{\mu_i L_i}{100} \tag{19}$$

$$\mu_i = \frac{100\, m_i}{L_i}. \tag{20}$$

Damit geht das Gaußsche Fehlerfortpflanzungsgesetz über in

$$m_L = \pm\, 0{,}01 \sqrt{\left(\frac{\partial f}{\partial L_1} \cdot \mu_1 \cdot L_1\right)^2 + \left(\frac{\partial f}{\partial L_2} \cdot \mu_2 \cdot L_2\right)^2 + \cdots} \tag{21}$$

$$\mu_L = \pm \frac{\sqrt{\left(\frac{\partial f}{\partial L_1} \mu_1 \cdot L_1\right)^2 + \left(\frac{\partial f}{\partial L_2} \mu_2 L_2\right)^2 + \cdots}}{f(L_1, L_2 \cdots)}. \tag{22}$$

Wenn die Beobachtungen tatsächlich frei sind von groben oder systematischen Fehlern, so können die prozentualen mittleren Fehler als Maß für die Zuverlässigkeit dienen, während die absoluten mittleren Fehler lediglich ein Maß für die Genauigkeit darstellen. Die prozentualen mittleren Fehler sind daher im folgenden gelegentlich als *mittlere Zuverlässigkeit*, die absoluten mittleren Fehler als *mittlere Genauigkeit* bezeichnet.

In den folgenden Beispielen sind die mittleren Fehler in Prozenten des Ergebnisses für den Fall berechnet, daß die prozentualen Fehler der Einzelwerte unter sich gleich sind, d. h.

$$\frac{100\,m_1}{L_1} = \frac{100\,m_2}{L_2} = \cdots = \mu.$$

1. $L = L_1 - L_2$.

$$\mu_L = \frac{\sqrt{(\mu L_1)^2 + (\mu L_2)_2}}{L_1 - L_2} = \mu \cdot \frac{\sqrt{L_1^2 + L_2^2}}{L_1 - L_2}.$$

Man erkennt, daß der in Prozenten des Resultates ausgedrückte m. F. je größer ausfällt, je kleiner die Differenz $L_1 - L_2$ wird. Ist beispielsweise $L_1 = 10 \pm 1\,\%$ und $L_2 = 9 \pm 1\,\%$, so wird $\mu_L = \pm 9\,\%$. Für die Rechenpraxis ist diese *Unsicherheit der Differenzen* von beachtlicher Bedeutung.

2. $L = L_1^2 - L_2^2$.

$$\mu_L = \frac{\sqrt{(2\,L_1\,\mu)^2 + (2\,L_2\,\mu)^2}}{L_1^2 - L_2^2} = 2\,\mu\,\frac{\sqrt{L_1^2 + L_2^2}}{L_1^2 - L_2^2}.$$

Auch hier zeigt sich, daß das Ergebnis um so unsicherer wird, je geringer die Differenz $L_1^2 - L_2^2$ ist.

3. $L = L_1 \cdot L_2$.

$$\mu_L = \frac{\sqrt{(L_2\,\mu\,L_1)^2 + (L_1\,\mu\,L_2)^2}}{L_1 \cdot L_2} = \mu\sqrt{2}.$$

Ebenso läßt sich zeigen, daß für

$$L = L_1 \cdot L_2 \cdot L_3 \cdots L_n$$

der m. F. $\mu_L = \sqrt{n}$ wird.

Wesentlich anders wird freilich das Ergebnis, wenn wir annehmen, daß die *absoluten Beträge* der m. F. unter sich gleich seien, wenn also $m_1 = m_2 \cdots = m$. Dann wird für

$L = L_1 \cdot L_2$

$$m_L = \sqrt{L_2^2 m^2 + L_1^2 \cdot m^2} = m\sqrt{L_1^2 + L_2^2}.$$

Der prozentuale Fehler des Ergebnisses wird jetzt:

$$\mu = \frac{100\,m\sqrt{L_1^2 + L_2^2}}{L_1 \cdot L_2}.$$

Dieser Ausdruck wird ein Minimum für $L_1 = L_2$; er wird ∞ für L_1 oder $L_2 = 0$, d. h. bei gleichen mittleren Fehlern der Faktoren wird das Ergebnis einer Multiplikation um so unsicherer, je mehr die einzelnen Faktoren ihrem absoluten Betrage nach verschieden sind. *Hat man also zwei aus einem Plane oder aus einer Zeichnung graphisch ermittelte Längen zu multiplizieren, so wird man es stets so einzurichten suchen, daß die beiden Strecken ungefähr gleiche Länge haben.*

4. $L = \frac{1}{L_1 - L_2}$; Gleichung (22) liefert

$$\mu_L = \mu \frac{\sqrt{L_1^2 + L_2^2}}{(L_1 - L_2)^2},$$

was noch ungünstiger ist als das unter 1. für $L = L_1 - L_2$ gefundene Resultat.

5. $L = \frac{1}{L_1^2 - L_2^2}$;

$$\mu_L = \frac{2\mu}{(L_1^2 - L_2^2)^2} \sqrt{\frac{L_1^2 + L_2^2}{L_1^2 - L_2^2}}.$$

Auch dieser mittlere Fehler ist wesentlich größer als der unter 2. gefundene.

6. Für
$$L = \frac{1}{L_1 L_2}$$
erhält man mit
$$\mu_L = \mu \sqrt{2}$$
denselben Unsicherheitsgrad wie im Falle $L = L_1 L_2$.

29. Aufgabe. Die Reibungsverluste N_R einer Dampfmaschine erhält man als Unterschied aus der indizierten Leistung N_i und der gebremsten Leistung N_e. Wie groß ist der zu fürchtende[1]) prozentuale Fehler in N_R, wenn $N_i = 100$ PS $\pm 2\,\%$; $N_e = 90$ PS $\pm 2\,\%$ ermittelt wurde?

Lösung: Aus
$$N_R = N_i - N_e$$
folgt
$$\mu_R = \frac{2\sqrt{100^2 - 90^2}}{100 - 90} = \pm 8{,}7\,\%.$$

30. Aufgabe. Das von einer in Gang befindlichen Kraftmaschine erzeugte Drehmoment kann mit Hilfe des Pronyschen Zaumes gemessen und daraus die Leistung der betreffenden Maschine errechnet werden. Für die Auswertung benutzt man die Gleichung:

$$N_{\mathrm{PS}} = C \cdot P \cdot n,$$

wobei C = eine Apparatkonstante,
P = die vermittelst eines Hebels mit einer Wage gemessene Kraftwirkung in kg,
n = die minutliche Umdrehungszahl der Maschine bedeutet.

Mit welcher prozentualen Genauigkeit müssen P und n ermittelt werden, wenn die Unsicherheit in der Angabe der Leistung 2 % nicht übersteigen soll und die Konstante $C = 0{,}001$ als fehlerfrei angesehen werden darf?

Lösung:
$$\mu = \sqrt{2} = \pm 1{,}4\,\%.$$

Es genügt also, die Kraft sowohl wie auch die Tourenzahl auf 1,4 % genau zu bestimmen.

1) Mittlerer zu fürchtender Fehler (error medius metuendus): eine von Gauß eingeführte präzisere Bezeichnung für den mittleren Fehler.

31. Aufgabe. Zur Bestimmung des spezifischen Gewichts eines festen Körpers führte man zwei Wägungen aus, die eine in Luft: $G_L = 185{,}5 \pm 0{,}05$ g, die andere in Wasser: $G_w = 161{,}6 \pm 0{,}08$ g. Mit welcher Zuverlässigkeit läßt sich hieraus das spezifische Gewicht berechnen?

Lösung: Es ist

$$s = \frac{G_L}{G_L - G_w} = 7{,}76$$

$$\mu_L = 0{,}027\,\%$$

$$\mu_W = 0{,}0494\,\%.$$

Mit diesen Werten liefert Gleichung (22):

$$\mu_s = \pm\,0{,}43\,\%.$$

Obgleich die größte vorkommende Unsicherheit der Beobachtungen noch unter 0,5 pro Tausend bleibt, ist die Unsicherheit des Resultates infolge der unter dem Bruchstrich auftretenden Differenz fast 10mal größer!

32. Aufgabe. Zur Errechnung der mittelst einer Wheatstoneschen Brücke verglichenen Widerstände bedient man sich der Gleichung

$$x = R\frac{a}{b},$$

wobei x = der gesuchte Widerstand,
R = ein bekannter Vergleichswiderstand,
a und b = gemessene Längen sind.

Es ist der prozentuale mittlere Fehler in x anzugeben, wenn R als fehlerfrei angesehen werden darf, und die Längen a und b mit dem gleichen mittleren Fehler m behaftet sind.

Lösung: Es ist $\mu_a = \mu_b = \mu = \frac{100\,m}{L_i}$.

Gleichung (22) liefert damit

$$\mu = \frac{100\,m}{ab}\sqrt{a^2 + b^2}.$$

Dieser Ausdruck wird ein Minimum für

$$a = b.$$

In diesem Falle wird $\mu_x = 100 \cdot m \cdot \sqrt{2}$;

für $a = \frac{b}{2}$ erhält man $\mu_x = 100\,m\,\sqrt{5}$.

33. Aufgabe. Die Zuverlässigkeit eines Produktes $L = \frac{a\,b}{c}$ wurde bei Verwendung eines Rechenschiebers von 125 mm Teilungslänge zu 0,17 % bestimmt. Welcher mittleren Ablesegenauigkeit entspricht dies in mm?

Lösung: Es ist gleich, ob man rechnet $a \cdot b : c$ oder $(a : c) \cdot b$; in jedem Falle macht man 4 Einstell- bzw. Ablesefehler, deren

Größe wir als unter sich gleich groß ansehen wollen. Nach Früherem ist demnach die Größe *eines* Ablese- bzw. Einstellfehlers

$$\mu_0 = \frac{\mu}{\sqrt{4}} = \pm 0{,}085\ \%.$$

Nun ist $\log 10 = 125$ mm auf der Teilung

$\log a = x$ „ „ „ „

hieraus $x = 125 \log a$

und $$m_x = \pm \frac{125\ M}{a} \cdot m_a,$$

wenn $M = \log \operatorname{nat} C$ und m_a der m. F. in a bedeutet.

Mit $m_a = 0{,}00085\ a$ erhält man also

$$m_x = 125 \cdot 0{,}434 \cdot 0{,}00085 = \pm 0{,}046 \text{ mm}.$$

III. Ausgleichung direkter Beobachtungen ungleicher Genauigkeit.

9. **Das Gewicht.** Zwei Größen L_1 und L_2, die als arithmetisches Mittel aus einer jeweils verschiedenen Anzahl von Beobachtungen gefunden wurden, haben nicht denselben Wert für die weitere rechnerische Behandlung, sie haben, wie man sagt, verschiedenes *Gewicht*. Einem Ergebnis, das aus einer größeren Anzahl von Beobachtungen hervorgegangen ist, wird man eine größere Genauigkeit und demnach ein größeres Gewicht zusprechen müssen als einem aus weniger Beobachtungen errechneten. Es ist üblich, das Gewicht p einer Größe der Anzahl n von Beobachtungen, aus der sie bestimmt wurde, proportional zu setzen:

$$\frac{p_1}{p_2} = \frac{n_1}{n_2}. \tag{23}$$

Die Gleichung (12) gestattet nun, statt der Anzahl der Beobachtungen, deren mittleren Fehler zur Bestimmung des Gewichtes heranzuziehen. Es ist

$$n_1 = \frac{m_L^2}{m_1^2}; \quad n_2 = \frac{m_L^2}{m_2^2},$$

somit
$$\frac{p_1}{p_2} = \frac{m_2^2}{m_1^2}, \tag{24}$$

d. h. die Gewichte verhalten sich umgekehrt wie die Quadrate der mittleren Fehler.

34. Aufgabe. Einer Beobachtung mit dem m. F. $m_1 = \pm 0{,}5$ gibt man das Gewicht $p_1 = 1$. Welches Gewicht erhält alsdann eine gleichartige Beobachtung mit dem m. F. $m_2 = \pm 0{,}4$?

Lösung: $$\frac{1}{p_2} = \frac{0{,}4^2}{0{,}5^2}; \quad p_2 = \frac{0{,}25}{0{,}16} = 1{,}56.$$

35 Aufgabe. Der m. F. einer Einzelbeobachtung sei $m_L = \pm 2{,}2$. Wie oft ist sie zu wiederholen, damit sie das Gewicht 2 erhalte? Der m. F. der Gewichtseinheit sei $\pm 1{,}8$.

Lösung: $$\frac{1}{2} = \frac{m_2^2}{1{,}8^2}; \qquad m_2^2 = 1{,}62,$$

d. h. der m. F. der Beobachtungen muß durch die $n$fache Wiederholung auf $\sqrt{1{,}62}$ herabgedrückt werden. Gleichung (12) liefert dann

$$n = \frac{2{,}2^2}{1{,}62} = 3.$$

36. Aufgabe. Für die Dichte eines Körpers fand man die nachstehenden Zahlen. Welche Gewichte kommen den Mittelwerten zu?

I. Methode	II. Methode
6,532	6,540
38	35
30	37
42	32
28	36

Lösung: Die mittleren Fehler der Mittelwerte berechnen sich zu

$$m_{\mathrm{I}} = \pm 2{,}6$$
$$m_{\mathrm{II}} = \pm 1{,}3.$$

Aus Gl. (24) folgt damit

$$\frac{p_{\mathrm{I}}}{p_{\mathrm{II}}} = \frac{1{,}3^2}{2{,}6^2} = \frac{1}{4},$$

d. h.: Gibt man dem Resultat der 1. Beobachtungsreihe das Gewicht 1, so kommt dem 2. Ergebnis das Gewicht 4 zu.

37. Aufgabe. In dem Ausdruck

$$x = 2{,}5\,\frac{L_1 + L_2 + \cdots + L_n}{n}$$

seien L_1, L_2 usw. Beobachtungen, die mit dem gleichen mittleren Fehler m behaftet sind.

Eine Beobachtung mit dem m. F. $2m$ habe das Gewicht 1,5; wie groß ist demnach das Gewicht von x?

Lösung: $$m_x = 2{,}5\,\frac{m}{\sqrt{n}},$$

daher $$p_x = p\,\frac{1 m^2}{m_x^2} = \frac{1{,}5 \cdot 4 m^2 \cdot n}{6{,}25 \cdot m^2} = 0{,}96\,n.$$

38. Aufgabe. Bei der Messung der drei Winkel eines Dreiecks gelangen drei Theodolite von verschiedener Leistungsfähigkeit zur Verwendung. Der zur Messung des Winkels α benutzte Theodolit gestattet, *eine* Winkelmessung auf $\pm 2''$, der bei der Messung von β verwendete, sie auf $\pm 3''$, und der zur Bestimmung von γ benutzte, sie auf $\pm 5''$ genau auszuführen. Wie oft ist jede Messung auszuführen, wenn die Gewichte der drei Mittelwerte unter sich gleich und zwar $= 1$ werden sollen, wobei vorausgesetzt werde, daß einer Winkelmessung mit dem m. F. $\pm 1''$ das Gewicht $p = 1$ zukomme?

Lösung: Aus den beiden für das Gewicht gültigen Sätze

$$\frac{p_1}{p_2} = \frac{n_1}{n_2} \quad \text{und} \quad \frac{p_1}{p_2} = \frac{m_2^2}{m_1^2}$$

folgt

$$\frac{p_1}{p_2} = \frac{m_2}{m_1} \cdot \sqrt{\frac{n_1}{n_2}};$$

für $p_1 = 1$, $m_1 = 1$ und $n_1 = 1$ folgt daraus

$$n^2 = m_2^2 \cdot p_2^2.$$

Da p_2 in allen Fällen $= p_1 = 1$ werden soll, ergibt sich

$$n_2 = m_2^2$$
$$n_\alpha = 2^2 = 4$$
$$n_\beta = 3^2 = 9$$
$$n_\gamma = 5^2 = 25.$$

10. Das allgemeine arithmetische Mittel. Liegen mehrere gleichartige Beobachtungen $L_1, L_2 \ldots$ von ungleicher Genauigkeit, d. h. also von verschiedenem Gewicht $p_1 p_2 \ldots$ vor, so gibt das gewöhnliche arithmetische Mittel nicht den nach der bisherigen Definition günstigsten Wert. Es bietet aber keine Schwierigkeit, zu einem befriedigenden Ausdruck zu gelangen, wenn man bedenkt, daß eine Beobachtung vom Gewichte p gewissermaßen p Beobachtungen vom Gewichte 1 ersetzt. Unter Berücksichtigung dessen ergibt sich als Mittelwert

$$x = \frac{p_1 L_1 + p_2 L_2 + \cdots + p_n L_n}{p_1 + p_2 + \cdots + p_n}$$

oder in kürzerer Schreibweise

$$x = \frac{[pL]}{[p]}. \tag{25}$$

Dieser Ausdruck heißt *allgemeines arithmetisches Mittel.*

Um den m. F. dieses allgemeinen arithmetischen Mittels bzw. den einer Beobachtung von gegebenem Gewicht zu berechnen, stelle man wieder die Fehlergleichungen auf:

$$x - L_1 = v_1 \text{ mit dem Gewicht } p_1$$
$$x - L_2 = v_2 \quad \text{,,} \quad \text{,,} \quad \text{,,} \quad p_2 \text{ usw.}$$

Durch Multiplikation mit den zugehörigen Gewichten p gehen sie über in

$$x p_1 - L_1 p_1 = p_1 v_1$$
$$x p_2 - L_2 p_2 = p_2 v_2 \quad \text{usw.}$$

Addiert geben sie die Summengleichung

$$x[p] - [Lp] = [pv].$$

Aus dieser letzteren läßt sich nun die Beziehung (25) nur für den Fall ableiten, daß

$$[p \cdot v] = 0, \tag{26}$$

was wir anmerken wollen, da diese Tatsache für die numerische Rechnung eine wertvolle Kontrolle bildet.

Die Weiterbehandlung der Gleichungen nach demselben Prinzip, das früher beim gewöhnlichen arithmetischen Mittel angewandt wurde, ergibt schließlich *den mittleren Fehler einer Beobachtung vom Gewichte 1* zu

$$m = \sqrt{\frac{[p \cdot vv]}{n-1}} \tag{27}$$

ferner *den mittleren Fehler einer Beobachtung vom Gewichte* p_L zu

$$m_L = \sqrt{\frac{[p \cdot vv]}{(n-1) \cdot p_L}} \tag{28}$$

und endlich *den mittleren Fehler des Mittelwertes* zu

$$m_x = \sqrt{\frac{[p \cdot vv]}{(n-1)[p]}}. \tag{29}$$

39. Aufgabe. Das spezifische Gewicht eines Körpers wurde von 4 Beobachtern mehrere Male bestimmt; man erhielt

1. 7,437 ± 5 Einheiten in der 3. Dezimalstelle
2. 7,446 ± 8 „ „ „ „ „
3. 7,432 ± 7 „ „ „ „ „
4. 7,441 ± 5 „ „ „ „ „

Welches ist der Mittelwert und sein m. F.?

Lösung: Zunächst leite man aus den gegebenen m. F. die Gewichte ab. Setzt man das Gewicht einer Beobachtung mit dem m. F. $m = 10$ gleich 1, so liefert Gleichung (24)

$$p_1 = 4; \quad p_2 = 1,55; \quad p_3 = 2,05; \quad p_4 = 4.$$

Um für die weitere Rechnung bequeme Zahlen zu erhalten, subtrahiere man von allen Beobachtungen den Wert 7,430 und bestimme das Mittel der Reste in der 3. Dezimalstelle nach Gleichung (25) zu

$$x = \frac{7 \cdot 4 + 16 \cdot 1,55 + 2 \cdot 2,05 + 11 \cdot 4}{11,6} = 8,7.$$

Die nun erforderliche Berechnung der v, pv und pvv geschieht am besten tabellarisch:

	L	p	v +	v −	p · v +	p · v −	p · vv
$x = 8,7$	7	4	1,7		6,8		11,6
	16	1,55		7,3		11,3	82,5
	2	2,05	6,7		13,7		91,8
	11	4		2,3		9,2	21,2
					20,5	20,5	207,1
					$[pv] = 0$		

Hieraus nach Gleichung (29):

$$m_x = \sqrt{\frac{207{,}1}{3 \cdot 11{,}6}} = \pm 2{,}4 \text{ Einheiten in der 3. Dezimalstelle.}$$

Resultat: $s_x = 7{,}4387 \pm 0{,}0024.$

40. Aufgabe. Die Dicke eines Drahtes mißt man mit zwei verschiedenen Mikrometern; es ist der Mittelwert der Beobachtungen zu bestimmen.

1. Mikrometer	2. Mikrometer
0,625 mm	0,635 mm
0,640 „	0,650 „
0,630 „	0,655 „
0,640 „	0,645 „
0,635 „	0,630 „

Lösung: Die Bestimmung des arithmetischen Mittels und seines m. F. liefert im ersten Falle

$$L_1 = 0{,}634 \pm 2{,}9 \text{ Einheiten in der 3. Dezimalstelle,}$$

im zweiten Falle

$$L_2 = 0{,}643 \pm 4{,}6 \text{ Einheiten in der 3. Dezimalstelle.}$$

Aus den mittleren Fehlern erhält man, sofern man einer Beobachtung mit dem m. F. $m = 10$ das Gewicht 1 beilegt,

$$p_1 = 12; \qquad p_2 = 4{,}7.$$

Das allgemeine arithmetische Mittel aus den oben bestimmten Mittelwerten ergibt sich damit zu

$$x = 0{,}6366.$$

Die Berechnung des m. F. in x nach dem in der vorigen Aufgabe engverwandten Schema liefert endlich

$$m_x = \pm 4 \text{ Einheiten der 3. Dezimale.}$$

Endresultat: $x = 0{,}637 \pm 0{,}004$ mm.

41. Aufgabe. Ein Stab von rechteckiger Querschnittsfläche wurde an einem Ende festgeklemmt. Das freie Ende des horizontalen Stabes wurde alsdann mit P kg belastet und aus den bei verschiedenen Stablängen l sich ergebenden Durchbiegungen h jedesmal der Elastizitätsmodul E berechnet.

Nr.	Querschnitt Höhe a mm	Querschnitt Breite b mm	P kg	l mm	h mm
1	$5 \pm 0{,}05$	$7 \pm 0{,}05$	$0{,}1 \pm 0{,}0005$	$600 \pm 0{,}5$	$4{,}5 \pm 0{,}1$
2	$5 \pm 0{,}05$	$7 \pm 0{,}05$	$0{,}1 \pm 0{,}0005$	$400 \pm 0{,}5$	$1{,}3 \pm 0{,}1$
3	$5 \pm 0{,}05$	$7 \pm 0{,}05$	$0{,}4 \pm 0{,}0005$	$300 \pm 0{,}5$	$2{,}4 \pm 0{,}1$

Welches ist der wahrscheinlichste Wert für E und sein mittlerer Fehler?

Lösung: Es gilt für den einseitig eingeklemmten Stab von rechteckigem Querschnitt:

$$E = \frac{4\, l^3 P}{a^3 b h}.$$

Der Bau dieser Gleichung läßt die Berechnung des m. F. jeder Bestimmung von E nach der Methode der logarithmischen Differenzen bequem erscheinen; also:

$$\log E = \log 4 + 3 \log l + \log P - 3 \log a - \log b - \log h.$$

Für die 1. Beobachtungsreihe erhält man:

		λ	$\lambda\lambda$
4	0,60206		
600^3	8,33445	108	11664
0,1	0,00000 — 1	217	47089
$\frac{1}{5^3}$	— 2,09691	1299	1689730
$\frac{1}{7}$	— 0,84510	309	95481
$\frac{1}{4 \cdot 5}$	— 0,65321	955	912025
E	4,34129		2755989

Hieraus:

$$E_1 = 21943 \pm 860.$$

Auf dieselbe Weise findet man:

$$E_2 = 22505 \pm 1890$$
$$E_3 = 20570 \pm 1080.$$

Bevor zur Bildung des allgemeinen Mittels geschritten werden kann, sind den Werten E_1, E_2 und E_3 Gewichte beizulegen. Geben wir dem zweiten Resultate als dem ungenauesten das Gewicht 1, so folgt nach Gleichung (24):

$$p_1 = 4{,}58; \quad p_2 = 1; \quad p_3 = 3{,}08,$$

und man erhält aus

$$E = \frac{4{,}58 \cdot 21943 + 1 \cdot 22505 + 3{,}08 \cdot 20570}{8{,}66}$$

genau genug $\quad E = 21520.$

Die weitere Rechnung liefert

$$[p \cdot vv] = 4541000,$$

woraus $\quad m_E = \pm 510 \quad$ folgt.

Das Ergebnis der Ausgleichung ist

$$E = 21520 \pm 510 \frac{\text{kg}}{\text{mm}^2}.$$

Bem. Hätte man aus den Werten E_1, E_2 und E_3 das gewöhnliche arithmetische Mittel genommen, so würde für den Ausdruck

$$E = \frac{E_1 + E_2 + E_3}{3}$$

Gleichung (15) ergeben:

$$m_E = \frac{1}{3}\sqrt{m_1^2 + m_2^2 + m_3^2} = \pm 780,$$

d. h. das so gefundene Resultat

$$E = 21\,670 \pm 780 \,\frac{\text{kg}}{\text{mm}^2}$$

wäre beträchtlich unzuverlässiger als das oben errechnete.

42. Aufgabe. Die Durchbiegung eines durch verschiedene Gewichte P belasteten Stabes wurde ermittelt

1. bei $P = 100$ gr zu 1,22 mm
2. „ $P = 200$ „ „ 2,68 „
3. „ $P = 300$ „ „ 3,78 „
4. „ $P = 400$ „ „ 5,44 „

Es ist die mittlere Durchbiegung bei 100 gr Belastung anzugeben.

Lösung: Wollte man setzen:

$$x = \frac{1{,}22 + 2{,}68 + 3{,}78 + 5{,}44}{10} = 1{,}312 \text{ mm},$$

so würde dies bedeuten, daß man

der Messung 1 das Gewicht 1
„ „ 2 „ „ 2
„ „ 3 „ „ 3
„ „ 4 „ „ 4

zuerkennt; zu einer solchen Bewertung der einzelnen Beobachtungen liegt jedoch nicht die mindeste Veranlassung vor.

Richtig ist:

$$x = \frac{1{,}22 + \frac{2{,}68}{2} + \frac{3{,}78}{3} + \frac{5{,}44}{4}}{4} = 1{,}295 \text{ mm}.$$

Der mittlere Fehler dieser Angabe berechnet sich zu

$$m_x = \pm 0{,}033 \text{ mm}.$$

43. Aufgabe. Die Messung der Weite einer Kapillarröhre ergibt
1. nach der Quecksilberfadenmethode $0{,}5502 \pm 0{,}0040$ mm
2. mit dem Mikroskop $0{,}5476 \pm 0{,}0053$ „

Gesucht ist der Mittelwert und sein mittlerer Fehler.

Lösung: $x = 0{,}5493 \pm 0{,}0012$ mm.

44. Aufgabe. Die Beobachter A, B und C bestimmen je dreimal die Zeit für 100 Schwingungen eines Pendels. Man erhielt die nebenstehenden Werte.

Beobachter	A	B	C
1. Versuch	168,5	168,8	168,6
2. „	168,9	168,6	168,0
3. „	168,2	168,7	168,9

Die Beobachtungen sind einer Ausgleichung zu unterwerfen, d. h. es ist der wahrscheinlichste Wert für eine Schwingung und sein mittlerer Fehler anzugeben.

Lösung: Je nach den Voraussetzungen, die bezüglich der Fehlerursachen gemacht werden müssen, kommt man zu verschiedenen Ergebnissen.

1. Die drei Beobachter seien unter sich gleichwertig und die Versuchsbedingungen in allen Fällen dieselben; die Widersprüche werden also auf unkontrollierbare Zufälligkeiten zurückgeführt. Der wahrscheinlichste Wert ist hier das arithmetische Mittel aus allen Beobachtungen:

$$x_{100} = 168{,}57 \pm 0{,}10 \text{ sek. für 100 Schwingungen}$$
$$x = 1{,}6857 \pm 0{,}0010 \text{ sek. für eine Schwingung.}$$

2. Die Beobachter sind ungleichwertig; die Versuchsbedingungen sind überall dieselben.

In diesem Falle sind zunächst die Mittelwerte und die Gewichte der von A, B und C beobachteten Zeiten abzuleiten. Die Rechnung liefert:

A	B	C
$1{,}6853 \pm 0{,}0020$	$1{,}6870 \pm 0{,}0006$	$1{,}6850 \pm 0{,}0026.$

Aus den mittleren Fehlern erhält man die Gewichte ($p_C = 1$ gesetzt):

$$p_A = 1{,}7 \qquad p_B = 21 \qquad p_C = 1.$$

Mit diesen erhält man schließlich das allgemeine arithmetische Mittel:

$$x = 1{,}6868 \pm 0{,}0004 \text{ sek.}$$

3. Die Beobachter sind gleichwertig; die Versuchsbedingungen sind von Fall zu Fall als verschieden anzusehen.

Die Mittel für die drei Versuche sind:

1. Versuch:	2. Versuch:	3. Versuch:
$1{,}6863 \pm 0{,}0009$	$1{,}6850 \pm 0{,}0026$	$1{,}6860 \pm 0{,}0021.$

Gibt man dem 2. Versuche das Gewicht 1, so folgt entsprechend:

$$p_1 = 9 \qquad p_2 = 1 \qquad p_3 = 1{,}6$$

und damit:

$$x = 1{,}6862 \pm 0{,}0003 \text{ sek.}$$

4. Sind endlich die verschiedenen Beobachter unter sich ungleichwertig und müssen außerdem die Versuchsbedingungen als jedesmal verändert angesehen werden, so bleibt nichts übrig, als wieder das gewöhnliche arithmetische Mittel aus allen Beobachtungen als den wahrscheinlichsten Wert anzusehen, also:

$$x = 1{,}6857 \pm 0{,}0010 \text{ sek}$$

Das vorstehende Beispiel zeigt, daß das Ergebnis einer Mittelwert- und Fehlerberechnung in hohem Maße von gewissen Voraussetzungen abhängt, die man bez. der Art und der Verteilung der einzelnen Fehlerursachen macht; es läßt deutlich erkennen, wie sehr es darauf ankommt, *vor* der Ausgleichung die einzelnen Fehlerursachen gegenseitig richtig abzuwägen. *Ganz allgemein darf behauptet werden, daß ein durch irgendein Ausgleichungsverfahren gefundener Mittelwert nur dann Anspruch auf einige Wahrscheinlichkeit erheben darf, wenn die Voraussetzungen, die man hinsichtlich des Einflusses der verschiedenen Fehlerursachen auf die Beobachtungen stillschweigend machte, auch wirklich zutreffen; andernfalls ist die „Wahrscheinlichkeit" des Mittelwertes bzw. die aus seinem m. F. abgeleitete Genauigkeit nur eine eingebildete.* Von der Gewissenhaftigkeit, der Urteilskraft und der Erfahrung des Beobachters wird es also abhängen, mit welchem Rechte der ausgeglichene Wert der „wahrscheinlichste" genannt werden darf. Bei der hier behandelten Bestimmung der Schwingungszeit läßt es sich z. B. so einrichten, daß der Einfluß der Uhrfehler, der veränderten Versuchsbedingungen usw. gegenüber den eigentlichen Beobachtungsfehlern verschwinden; für diesen Fall würde dann der unter 2. berechnete Wert den wahrscheinlichsten darstellen.

IV. Ausgleichung vermittelnder Beobachtungen.

11. Theorie der Ausgleichung vermittelnder Beobachtungen gleicher Genauigkeit. Liegen etwa zur Bestimmung dreier Ohmscher Widerstände W_x, W_y und W_z folgende Beobachtungen vor:

$$\begin{aligned} L_1 &= W_x & \qquad L_6 &= \frac{W_x \cdot W_y}{W_x + W_y} \\ L_2 &= W_y \\ L_3 &= W_z & \qquad L_7 &= \frac{W_y \cdot W_z}{W_y + W_z} \\ L_4 &= W_x + W_y \\ L_5 &= W_y + W_z & &\text{usw.,} \end{aligned}$$

so ist das bisher geübte Ausgleichungsverfahren nicht mehr anwendbar, weil die Beobachtungen z. T. nicht nur eine, sondern gleichzeitig mehrere Unbekannte in verschiedener algebraischer Verbindung enthalten. Um zu einer Lösung zu gelangen, betrachten wir den Fall ganz allgemein; wir nehmen zu diesem Zwecke an, daß jede Beobachtung L abhängig sei von den Größen X, Y, Z (den W_x, W_y und W_z im Beispiel entsprechend) gemäß der Beziehung

a) $$L = f(X, Y, Z).$$

Zur zahlenmäßigen Festlegung der ihrem wahren oder wahrscheinlichen Werte nach unbekannten Größen X, Y, Z würden drei Beobachtungen genügen; sobald mehr als drei Beobachtungen vorliegen und alle zur Mittelbildung gleichmäßig herangezogen werden sollen, ist eine Ausgleichung nach den früher angedeuteten Gesichtspunkten geboten.

Für den Fall, daß alle Beobachtungen fehlerfrei sind, wird für jede

b) $$f(X, Y, Z) - L = 0.$$

Da aber die L wohl nie absolut genau beobachtet werden können, bedürfen sie einer Verbesserung, so daß Gleichungen b) übergehen in die *Fehlergleichungen:*

$$f(X, Y, Z) - L = v.$$

Nun zerlege man die gesuchten Werte X, Y, Z in Summanden:

c) $$X = N_x + x; \qquad Y = N_y + y; \qquad Z = N_z + z,$$

wobei die N irgendwie gewonnene *Näherungswerte* der Unbekannten und x, y, z *Zuschläge* darstellen, die man zu den Näherungswerten bzw. N_x, N_y, N_z addieren muß, um die wahrscheinlichen Werte X, Y, Z zu erhalten. Diese Zuschläge x, y, z sind von nun ab die Unbekannten der weiteren Rechnung; sie sollen so klein sein, daß ihre zweiten und höheren Potenzen gegenüber denen der Näherungswerte vernachlässigt werden dürfen. Die Gleichungen c) gehen somit über in

d) $$f\{(N_x + x), (N_y + y), (N_z + z)\} - L = v$$

oder nach Taylor entwickelt unter Vernachlässigung der zweiten und höheren Potenzen:

e) $$f(N_x, N_y, N_z) + \frac{\partial f}{\partial N_x} x + \frac{\partial f}{\partial N_y} y + \frac{\partial f}{\partial N_z} z - L = v.$$

Setzt man zur Abkürzung

$$f(N_x, N_y, N_z) - L = l$$

und $$\frac{\partial f}{\partial N_x} = a; \qquad \frac{\partial f}{\partial N_y} = b; \qquad \frac{\partial f}{\partial N_z} = c,$$

so erhält man für jede Beobachtung eine lineare Fehlergleichung von der allgemeinen Form:

f) $$ax + by + cz + l = v$$

oder im einzelnen:

g) $$\begin{aligned} a_1 x + b_1 y + c_1 z + l_1 &= v_1 \\ a_2 x + b_2 y + c_2 z + l_2 &= v_2 \\ \vdots \quad \vdots \quad \vdots \quad \vdots \quad &\ \ \vdots \\ a_n x + b_n y + c_n z + l_n &= v_n. \end{aligned}$$

Aus diesen Fehlergleichungen sollen nun die Zuschläge x, y, z so bestimmt werden, daß sie den wahrscheinlichsten Wert darstellen, wobei als wahrscheinlichste wieder diejenigen angesehen werden sollen, für welche die Summe der Fehlerquadrate $[vv]$ ein Minimum wird. Man quadriere also beide Seiten der Fehlergleichungen, addiere, differenziere sodann $[vv]$ der Reihe nach nach x, y und z, und setze die so erhaltenen Differentialquotienten gleich Null; also:

h)
$$a_1 a_1 x^2 + b_1 b_1 y^2 + c_1 c_1 z^2 + l_1 l_1 + 2 a_1 b_1 xy + 2 a_1 c_1 xz + 2 a_1 l_1 x$$
$$+ 2 b_1 c_1 yz + 2 b_1 l_1 y + 2 c_1 l_1 z = v_1 v_1$$
$$a_2 a_2 x^2 + b_2 b_2 y^2 + c_2 c_2 z^2 + l_2 l_2 + 2 a_2 b_2 xy + 2 a_2 c_2 xz + 2 a_2 l_2 x$$
$$+ 2 b_2 c_2 yz + 2 b_2 l_2 y + 2 c_2 l_2 z = v_2 v_2$$
$$\vdots \quad \vdots \quad \vdots \quad \vdots \quad \vdots \quad \vdots \quad \vdots$$

usw.

Sämtliche Gleichungen dieser Form liefern addiert die Summengleichung:

i)
$$[vv] = [aa]x^2 + [bb]y^2 + [cc]z^2 + [ll] + 2[ab]xy + 2[ac]xz$$
$$+ 2[al]x + 2[bc]yz + 2[bl]y + 2[cl]z.$$

Diese der Reihe nach nach x, y, z differenziert und gleich Null gesetzt gibt:

k)
$$\frac{\partial [vv]}{\partial x} = 2[aa]x + 2[ab]y + 2[ac]z + 2[al] = 0$$
$$\frac{\partial [vv]}{\partial y} = 2[ab]x + 2[bb]y + 2[bc]z + 2[bl] = 0$$
$$\frac{\partial [vv]}{\partial z} = 2[ac]x + 2[bc]y + 2[cc]z + 2[cl] = 0.$$

Durch Division dieser Gleichungen mit 2 folgen hieraus die sog. *Normalgleichungen*:

l)
$$[aa]x + [ab]y + [ac]z + [al] = 0$$
$$[ab]x + [bb]y + [bc]z + [bl] = 0$$
$$[ac]x + [bc]y + [cc]z + [cl] = 0.$$

Mit der Aufstellung der Normalgleichungen ist die eigentliche Ausgleichungsaufgabe prinzipiell gelöst; die Gleichungen brauchen nur nach irgendeiner der gebräuchlichen Methoden nach den Unbekannten aufgelöst und diese zu den gehörigen Näherungswerten addiert zu werden. Für die praktische Rechnung aber, die ja außer der Bestimmung der Unbekannten auch noch die Ermittlung deren mittlerer Fehler zum Ziele hat, ist es bequemer, die Auflösung grundsätzlich nach der von Gauß angegebenen Methode der *Reduktion* vorzunehmen. Durch dieses Verfahren wird zunächst die erste (linksstehende) Unbekannte — im vorliegenden Falle also x — dadurch eliminiert, daß man

die mit $-\frac{[ab]}{[aa]}$ multiplizierte 1. Normalgleichung zur 2. addiert

und dann

die mit $-\frac{[ac]}{[aa]}$ „ „ „ 3. „ .

Das Ergebnis dieser „1. Reduktion" sind zwei neue Gleichungen zwischen den Unbekannten y und z. Führt man die Rechnung aus, so erhält man:

m) $$\left([bb]-\frac{[ab]}{[aa]}[ab]\right)y+\left([bc]-\frac{[ab]}{[aa]}[ac]\right)z$$
$$+\left([bl]-\frac{[ab]}{[aa]}[al]\right)=0$$

$$\left([bc]-\frac{[ac]}{[aa]}[ab]\right)y+\left([cc]-\frac{[ac]}{[aa]}[ac]\right)z$$
$$+\left([cl]-\frac{[ac]}{[aa]}[al]\right)=0$$

oder nach dem Vorgange Gauß' kürzer geschrieben:

n) $$[bb\cdot 1]^{1)}y+[bc\cdot 1]z+[bl\cdot 1]=0$$
$$[bc\cdot 1]y\quad+[cc\cdot 1]z+[cl\cdot 1]=0.$$

Aus diesen „einmal reduzierten" Normalgleichungen eliminiert man auf genau die gleiche Weise y, indem man zu der mit $-\frac{[bc\cdot 1]}{[bb\cdot 1]}$ multiplizierten ersten Gleichung m) die zweite addiert:

o) $$\left([cc\cdot 1]-\frac{[bc\cdot 1]}{[bb\cdot 1]}[bc\cdot 1]\right)z+\left([cl\cdot 1]-\frac{[bc\cdot 1]}{[bb\cdot 1]}[bl\cdot 1]\right)=0$$

oder in Gaußscher Schreibweise:

$$[cc\cdot 2]z+[cl\cdot 2]=0.$$

p) Hieraus folgt $$z=-\frac{[cl\cdot 2]}{[cc\cdot 2]}.$$

Es ist nun von Wert, bei numerischen Rechnungen sich eine Reihe von Rechenkontrollen zu verschaffen, deren durchgreifendste die Mitführung der „Summengleichungen" ist.

Nennt man $$a+b+c+l=s$$
$$[aa]+[ab]+[ac]+[al]=[as]\quad \text{usw.,}$$

so läßt sich die Auflösung der Normalgleichungen einschließlich der Rechenproben (unter Weglassung der Argumente und der sich wiederholenden Koeffizienten) in folgendes Schema bringen:

$$\begin{array}{cccc|c}
[aa] & [ab] & [ac] & [al] & [as] \\
 & \downarrow & \downarrow & \downarrow & \\
 & [bb]\rightarrow & [bc]\rightarrow & [bl]\rightarrow & [bs] \\
 & & \downarrow & \downarrow & \\
 & & [cc]\rightarrow & [cl]\rightarrow & [cs] \\
 & & & \downarrow & \\
 & & & [ll]\rightarrow & [ll] \\
 & & & & [ss]
\end{array}$$

Nach einmaliger Reduktion ergibt sich entsprechend:

1) $[bb\cdot 1]$ lies: Summe der einmal reduzierten $b\cdot b$.

$$\begin{array}{ccc|c}
[bb \cdot 1] & [bc \cdot 1] & [bl \cdot 1] & [bs \cdot 1] \\
 & [cc \cdot 1] & [cl \cdot 1] & [cs \cdot 1] \\
 & & [ll \cdot 1] & [ls \cdot 1] \\
 & & & [ss \cdot 1]
\end{array}$$

Die 2. Reduktion ergibt:

$$\begin{array}{cc|c}
[cc \cdot 2] & [cl \cdot 2] & [cs \cdot 2] \\
 & [ll \cdot 2] & [ls \cdot 2] \\
 & & [ss \cdot 2]
\end{array}$$

Hieraus folgt, wie oben schon bemerkt,

$$z = -\frac{[cl \cdot 2]}{[cc \cdot 2]} \tag{30}$$

als wahrscheinlichster Wert der 3. Unbekannten. Das Gewicht dieses Wertes ist gleich dem Nenner des Quotienten:

$$p_z = [cc \cdot 2]. \tag{31}$$

Als weitere Kontrolle ist die dritte und letzte Reduktion wertvoll:

$$\begin{array}{c|c}
[ll \cdot 3] & [ls \cdot 3] \\
 & [ss \cdot 3]
\end{array}$$

wobei $$[ll \cdot 3] = [ls \cdot 3] = [ss \cdot 3] = [vv]. \tag{32}$$

Das Schema zeigt, daß durch die Reduktionen die Normalgleichungen jedesmal nach der an letzter Stelle stehenden Unbekannten aufgelöst werden. Zur Berechnung von beispielsweise y müssen daher die Koeffizienten umgeschrieben werden, und zwar so, daß alle Koeffizienten von y in der letzten — hier: dritten — Spalte stehen; außerdem ist die Reihenfolge der Normalgleichungen entsprechend zu wählen.

$$\begin{array}{c|cccc|c}
 & a & c & b & l & s \\
a & [aa] & [ac] & [ab] & [al] & [as] \\
c & & [cc] & [bc] & [cl] & [cs] \\
b & & & [bb] & [bl] & [bs] \\
l & & & & [ll] & [ls] \\
s & & & & & [ss]
\end{array}$$

Die 1. Reduktion ergibt:

$$\begin{array}{ccc|c}
[cc \cdot 1] & [bc \cdot 1] & [cl \cdot 1] & [cs \cdot 1] \\
 & [bb \cdot 1] & [bl \cdot 1] & [bs \cdot 1] \\
 & & [ll \cdot 1] & [ls \cdot 1] \\
 & & & [ss \cdot 1]
\end{array}$$

Die 2. Reduktion ergibt:

$$\begin{array}{cc|c} [bb\cdot 2] & [bl\cdot 2] & [bs\cdot 2] \\ & [ll\cdot 2] & [ls\cdot 2] \\ & & [ss\cdot 2] \end{array}$$

Die zur Kontrolle durchgeführte 3. Reduktion liefert endlich:

$$\begin{array}{cc} [ll\cdot 3] & [ls\cdot 3] \\ & [ss\cdot 3] \end{array}$$

$$[ll\cdot 3] = [ls\cdot 3] = [ss\cdot 3] = vv].$$

Das Resultat ist $$y = -\frac{[bl\cdot 2]}{[bb\cdot 2]} \tag{33}$$

mit dem Gewicht $$p_y = [bb\cdot 2]. \tag{34}$$

Ganz entsprechend erhält man schließlich

$$x = -\frac{[al\cdot 2]}{[aa\cdot 2]} \tag{35}$$

mit dem Gewicht $$p_x = [aa\cdot 2].$$

Den *mittleren Fehler einer nicht ausgeglichenen Beobachtung* (vom Gewichte 1) berechnet man nach der Formel:

$$m_L = \pm\sqrt{\frac{[vv]}{n-k}}, \tag{36}$$

worin n = Anzahl sämtlicher Beobachtungen,
k = Anzahl der Unbekannten, und somit
$n-k$ = Anzahl der überschüssigen Beobachtungen bedeutet.

Der *m. F. der Unbekannten* berechnet sich wie früher zu

$$m_x = \frac{m_L}{\sqrt{p_x}}, \qquad m_y = \frac{m_L}{\sqrt{p_y}}, \qquad m_z = \frac{m_L}{\sqrt{p_z}}. \tag{37}$$

Als *Schlußkontrolle* berechne man noch die einzelnen v aus den Fehlergleichungen, bilde vv und $[vv]$; der letzte Wert muß mit dem gemäß (32) gefundenen übereinstimmen.

Das Endergebnis der Ausgleichung ist:

$$X = N_x + x \pm m_x, \quad Y - N_y \mid y \perp m_y, \quad Z - N_z + z \pm m_z. \tag{38}$$

Für die Zahlenrechnung möge man noch folgendes beachten:

1. Gleichung d) sagt aus, daß die Verbesserungen v gleich sein sollen dem durch die Näherungswerte bestimmten Sollwerte minus der beobachteten Größe, also:

Soll — Ist = Verbesserung

(vgl. hierzu S. 10). Sind die hiernach aufgestellten Fehlergleichungen von vornherein linear, so erübrigt sich die Entwicklung nach Taylor; es ist dann Gleichung d) identisch mit den Gleichungen f) bzw. g).

2. Für die praktische Ausrechnung ist es bequem, wenn die Koeffizienten $[aa]$, $[ab]$ usw. der Normalgleichungen sämtlich von der gleichen Größenordnung sind. Man erreicht dies durch eine entsprechende Modifizierung der Fehlergleichungen, indem man andere Maßeinheiten, als die ursprünglichen Gleichungen aufweisen, einführt.

3. Wenn die Beobachtungen hinreichend genau und die Näherungswerte zweckmäßig gewählt sind, fallen die Koeffizienten der Fehlergleichungen so klein aus, daß die Genauigkeit des gewöhnlichen Rechenschiebers zur Auswertung völlig genügt. Andernfalls rechne man mit fünfstelligen Logarithmen, wobei man die logarithmische Rechnung neben der Hauptrechnung führt. Auch größere Multiplikationstafeln (Crelle usw.) leisten gute Dienste.

4. Zur Bestimmung der $[aa]$, $[ab]$ usw. lege man eine übersichtliche Zusammenstellung an, in der man fortlaufend erst alle Werte, die beispielsweise den Faktor a enthalten, also aa, ab, ac, al und as berechnet, dann die mit dem Faktor b usw. Etwaige Rechenfehler findet man durch Prüfung der bezüglichen Summen $[as]$, $[bs]$ usf.

5. Die Produkte, die man bei den Reduktionen erhält, wenn man die oberste Gleichung der Reihe nach mit dem Quotienten $-\frac{2.\ \text{Koeffizient}}{1.\ \text{Koeffizient}}$ usw. multipliziert, schreibe man gleich *über* die Zahlen, zu denen sie addiert werden sollen.

Die Anwendung dieser Vorschriften zeigen die nachstehend durchgeführten Beispiele.

*45. **Aufgabe.*** Um die Genauigkeit zu ermitteln, mit der sich mit einer bestimmten Wage und einem gegebenen Gewichtssatz eine Wägung ausführen läßt, werden drei Körper K_{I}, K_{II} und K_{III} auf dieser Wage und mit dem gegebenen Gewichtssatz gewogen; außerdem bestimmte man die Gewichte $K_{\text{I}} + K_{\text{II}}$, $K_{\text{I}} + K_{\text{III}}$ und $K_{\text{II}} + K_{\text{III}}$. Die Wägungen sollen einer Ausgleichung unterworfen werden.

$$
\begin{aligned}
L_1 &= 18{,}3754 \text{ gr} = K_{\text{I}} \\
L_2 &= 5{,}3496 \text{ ,,} = K_{\text{II}} \\
L_3 &= 7{,}1645 \text{ ,,} = K_{\text{III}} \\
L_4 &= 23{,}7256 \text{ ,,} = K_{\text{I}} + K_{\text{II}} \\
L_5 &= 25{,}5392 \text{ ,,} = K_{\text{I}} + K_{\text{III}} \\
L_6 &= 12{,}5144 \text{ ,,} = K_{\text{II}} + K_{\text{III}}.
\end{aligned}
$$

Lösung: Zur Bestimmung sämtlicher Gewichte hätten drei Wägungen genügt, etwa die 1., 2. und 3., deren Ergebnis als Näherungswerte eingeführt werden mögen:

$$
\begin{aligned}
N_x &= 183\,754 \cdot 10^{-4} \text{ gr} \\
N_y &= 53\,496 \cdot 10^{-4} \text{ ,,} \\
N_z &= 71\,645 \cdot 10^{-4} \text{ ,,}.
\end{aligned}
$$

Die Fehlergleichungen von der allgemeinen Form

$$f\{(N_x + x),\ (N_y + y),\ (N_z + z)\} - L = v$$

sind im vorliegenden Falle ohne weiteres linear; sie lauten:

$$\begin{array}{ccccl} x & \cdot & \cdot & + 0 & = v_1 \\ \cdot & y & \cdot & + 0 & = v_2 \\ \cdot & \cdot & z & + 0 & = v_3 \\ x & + y & \cdot & - 6 & = v_4 \\ x & \cdot & + z & + 7 & = v_5 \\ \cdot & y & + z & - 3 & = v_6 . \end{array}$$

Die Koeffizienten der Unbekannten sowie die l werden nun in einer Tabelle zusammengestellt und nach folgendem Schema ausgewertet:

Nr.	a	b	c	l	s	aa	ab	ac	al	as	bb	bc	bl	bs	cc	cl	cs	ll	ls	ss
1	1	0	0	0	1	1	0	0	0	1	0	0	0	0	0	0	0	0	0	1
2	0	1	0	0	1	0	0	0	0	0	1	0	0	1	0	0	0	0	0	1
3	0	0	1	0	1	0	0	0	0	0	0	0	0	0	1	0	1	0	0	1
4	1	1	0	−6	−4	1	1	0	−6	−4	1	0	−6	−4	0	0	0	36	24	16
5	1	0	1	7	9	1	0	1	7	9	0	0	0	0	1	7	9	49	63	81
6	0	1	1	−3	−1	0	0	0	0	0	1	1	−3	−1	1	−3	−1	9	3	1
Summe:	3	3	3	−2	7	3	1	1	1	6	3	1	−9	−4	3	4	9	94	90	101

Die Normalgleichungen[1]) lauten demnach:

$$\begin{array}{rcl} 3x + y + z + 1 & = & 0 \\ x + 3y + z - 9 & = & 0 \\ x + y + 3z + 4 & = & 0 \\ \hline 5x + 5y + 5z - 4 & = & 0 \end{array}$$ (= Summengleichung).

Zur Reduktion der Normalgleichungen verwenden wir das oben angegebene Schema:

I. *Berechnung von z:*

					Faktoren:
3	1	1	1	6	−0,33; −0,33; −0,33; −2
	−0,33	−0,33	0,33	−12	
	3	1	−9	−4	
		−0,33	−0,33	−2	
		3	4	9	
			−0,33	−2	
			94	90	
				−12	
				101	

1) Die Aufstellung der Normalgleichungen ist eigentlich überflüssig, da ja die für die weitere Rechnung benötigten Summenkoeffizienten direkt aus der Tabelle entnommen werden können. Sie erfolgt hier lediglich zur besseren Übersicht für den Anfänger.

1. Reduktion:

2,67	0,67	− 9,33	− 6	− 0,25; + 3,5; + 2,25
	− 0,17	+ 2,33	+ 1,5	
	2,67	3,67	7	
		− 32,7	− 21,0	
		93,67	88	
			− 13,5	
			89	

2. Reduktion:

2,5	6	8,5	− 2,4; − 3,4
	− 14,4	− 20,3	
	61	67	
		− 28,9	
		75,5	

3. Reduktion:

46,6	46,7
	46,6

Man erhält somit:

$$z = -\frac{6}{2,5} = -2,4; \quad p_z = 2,5; \quad [vv] = 46,6.$$

II. Die Berechnung von y geht von dem Schema aus:

	a	c	b	l		
a	3	1	1	1	6	− 0,33; − 0,33; − 0,33 − 2
c		3	1	4	9	
b			3	9	− 4	
l				94	90	
					101	

Im übrigen ist das Verfahren wie vorher. Das Ergebnis ist:

$$y = -\frac{-10,25}{2,5} = +4,1; \quad p_y = 2,5; \quad [vv] = 46,6.$$

III. Für die Berechnung von x hat man endlich:

	b	c	a	l		
b	3	1	1	1	6	− 0,33; − 0,33; − 0,33; − 2
c		3	1	− 9	− 4	
a			3	4	9	
l				94	90	
					101	

Das Ergebnis der durchgeführten Reduktionen ist:

$$x = -\frac{2,25}{2,5} = -9; \quad p_x = 2,5; \quad [vv] = 46,6.$$

Der mittlere Fehler *einer* Wägung ist:

$$m_L = \sqrt{\frac{46,6}{3}} = \pm 3,93.$$

Die mittleren Fehler der drei Unbekannten sind wegen der Gleichheit der Gewichte

$$p_x = p_y = p_z = 2{,}5$$

ebenfalls gleich, und zwar

$$m = \frac{3{,}93}{\sqrt{2{,}5}} = \pm\, 2{,}5.$$

Als Endresultat hat man unter Berücksichtigung der Tatsache, daß die Zuschläge x, y, und z wie auch die mittleren Fehler für die 4. Dezimale gelten:

$$K_{\mathrm{I}} = 18{,}3754 - 0{,}00009 = 18{,}3753_1 \text{ gr} \pm 0{,}25 \text{ mg}$$
$$K_{\mathrm{II}} = 5{,}3496 + 0{,}00041 = 5{,}3500_1 \text{ gr} \pm 0{,}25 \text{ mg}$$
$$K_{\mathrm{III}} = 7{,}1645 - 0{,}00024 = 7{,}1642_6 \text{ gr} \pm 0{,}25 \text{ mg}.$$

Die einzelne Wägung ist auf $\pm$ 0,4 mg genau

Als Schlußkontrolle errechne man noch die einzelnen v, vv, bilde $[vv]$ und vergleiche diese Summe mit den oben gefundenen Resultaten:

	vv
$v_1 = -\,0{,}9$	0,8
$v_2 = +\,4{,}1$	16,8
$v_3 = -\,2{,}4$	5,7
$v_4 = -\,2{,}8$	7,8
$v_5 = +\,3{,}7$	13,7
$v_6 = -\,1{,}3$	1,7
$[vv] =$	46,5

Die Übereinstimmung mit dem oben gefundenen Wert ist befriedigend.

46. Aufgabe. Zwei Widerstände w_1 und w_2 wurden erst einzeln, dann hintereinandergeschaltet und schließlich in Parallelschaltung gemessen, wobei folgende Werte gefunden wurden:

$$w_1 = 3{,}47\ \Omega$$
$$w_2 = 4{,}52\ \Omega$$
$$w_1 + w_2 = 8{,}02\ \Omega$$
$$\frac{w_1 \cdot w_2}{w_1 + w_2} = 1{,}92\ \Omega$$

Die Messungen sind einer Ausgleichung zu unterwerfen, auch ist der m. F. einer einzelnen Widerstandsbestimmung anzugeben.

Lösung: Wenn der wahrscheinliche Wert des ersten Widerstandes x, der des zweiten Widerstandes y genannt wird und als Näherungswerte

$$N_x = 3{,}5 \quad N_y = 4{,}5$$

eingeführt werden, so lauten die Fehlergleichungen:

$$\begin{aligned}
&N_x && + x && && - 3{,}47 = v_1 \\
&N_y && && && + y - 4{,}53 = v_2 \\
&N_x + N_y && + x && && + y - 8{,}02 = v_3 \\
&\frac{N_x \cdot N_y}{N_x + N_y} && + \left(\frac{N_y}{N_x + N_y}\right)^2 x && + \left(\frac{N_x}{N_x + N_y}\right)^2 y && - 1{,}92 = v_4.
\end{aligned}$$

Für N_x und N_y die obigen Werte eingesetzt, folgt:

$$\begin{aligned}
x \qquad\qquad &+ 0{,}03 = v_1 \\
y &- 0{,}02 = v_2 \\
x \quad + y &- 0{,}02 = v_3 \\
0{,}315x + 0{,}19y &+ 0{,}05 = v_4.
\end{aligned}$$

Um die freien Koeffizienten auf eine für die weitere Rechnung bequemere Größenordnung zu bringen, drücke man die gemessenen Widerstände in Zenti-Ohm aus; man erreicht dadurch, daß die Absolutglieder 100mal größer werden, während die übrigen Koeffizienten unverändert bleiben. Die Auswertung erfolgt wieder tabellarisch:

Nr.	a	b	l	s	aa	ab	al	as	bb	bl	bs	ll	ls	ss
1	1	0	3	4	1	0	3	4	0	0	0	9	12	16
2	0	1	−2	1	0	0	0	0	1	−2	−1	4	2	1
3	1	1	−2	0	1	1	−2	0	1	−2	0	4	0	0
4	0,315	0,19	5	5,505	0,10	0,06	1,55	1,71	0,04	0,95	1,05	25	27,5	30,25
	2,315	2,19	4	8,505	2,1	1,06	2,55	5,71	2,04	−3,05	0,05	42	41,5	47,25

Die Normalgleichungen lauten demnach:

$$2{,}10x + 1{,}06y + 2{,}55 = 0$$
$$1{,}06x + 2{,}04y - 3{,}05 = 0.$$

Zur Berechnung der Unbekannten ist hier jedesmal nur eine Reduktion nötig; die zweite ergibt bereits $[vv]$; man erhält:

$$x = -2{,}67 \text{ Zenti-Ohm}; \quad y = 2{,}87 \text{ Zenti-Ohm}$$
$$p_x = p_y = 1{,}5; \quad [vv] = 26{,}4.$$

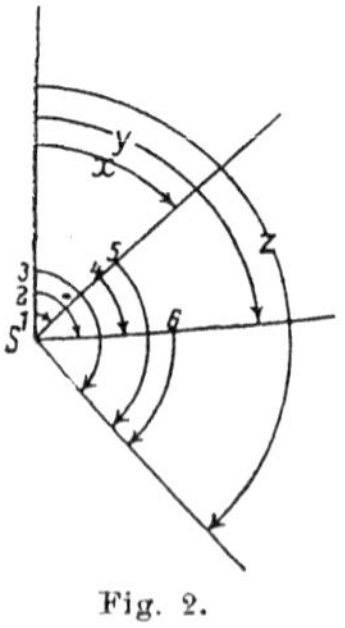

Fig. 2.

Der mittlere Fehler einer Beobachtung ist $m_L = \pm 3{,}64$ Zenti-Ohm, der einer ausgeglichenen Beobachtung $m_x = m_y = \pm 3$ Zenti-Ohm. Als Endresultat hat man somit

$$w_1 = 3{,}47_3 \pm 0{,}03\ \Omega$$
$$w_2 = 4{,}52_9 \pm 0{,}03\ \Omega.$$

47. Aufgabe. Auf einer Station S sind durch einmaliges Messen sämtlicher Kombinationen die sechs Winkel L_1, L_2, …, L_6 jeweils unter den gleichen Bedingungen bestimmt worden:

$$L_1 = 48^0\,17'\,14'' \qquad L_4 = 51^0\,6'\,18''$$
$$L_2 = 99^0\,23'\,36'' \qquad L_5 = 122^0\,27'\,39''$$
$$L_3 = 180^0\,44'\,51'' \qquad L_6 = 71^0\,21'\,20''.$$

Die Winkel sind einer Ausgleichung zu unterwerfen.

Lösung: Führt man die drei ersten Messungen als Näherungswerte ein, so erhält man folgende Fehlergleichungen:

$$\begin{array}{l} x \quad \cdot \quad \cdot \quad \cdot = v_1 \\ \cdot \quad y \quad \cdot \quad \cdot = v_2 \\ \cdot \quad \cdot \quad z \quad \cdot = v_3 \\ -x + y \quad \cdot + 4 = v_4 \\ -x \quad \cdot + z - 2 = v_5 \\ \cdot - y + z - 5 = v_6. \end{array}$$

Die hieraus folgenden Normalgleichungen:

$$\begin{array}{l} 3x - y - z - 2 = 0 \\ -x + 3y - z + 9 = 0 \\ -x - y + 3z - 7 = 0 \end{array}$$

liefern:
$$[vv] = 11{,}5; \quad p_x = p_y = p_z = 2$$
$$x = +\,0{,}5''; \quad y = -\,2{,}25''; \quad z = +\,1{,}75''$$
$$m_x = m_y = m_z = \sqrt{\frac{11{,}5}{3{,}2}} = \pm\,1{,}4''.$$

Als Endergebnis hat man somit:

$$X = 48^0\,17'\,14{,}5'' \pm 1{,}4''$$
$$Y = 99^0\,23'\,33{,}8'' \pm 1{,}4''$$
$$Z = 170^0\,44'\,52{,}7'' \pm 1{,}4''.$$

Bemerkenswert ist, daß das Gewicht eines ausgeglichenen Winkels doppelt so groß ist wie das Gewicht der einmaligen Winkelmessung.

12. Ausgleichung vermittelnder Beobachtungen ungleicher Genauigkeit. Haben die einzelnen Beobachtungen L ungleiche Genauigkeit, was man bekanntlich durch Zuerkennung verschiedener Gewichte p andeutet, so leite man zunächst die Fehlergleichungen in der bekannten Weise ab. Sie lauten:

$$\begin{array}{llll} a_1 x + b_1 y + c_1 z + l_1 = v_1 & \text{mit dem Gewicht} & p_1 \\ a_2 x + b_2 y + c_2 z + l_2 = v_2 & \text{,, \quad ,, \quad ,,} & p_2 \\ a_3 x + b_3 y + c_3 z + l_3 = v_3 & \text{,, \quad ,, \quad ,,} & p_3 \\ \vdots & & \vdots \\ a_n x + b_n y + c_n z + l_n = v_n & \text{,, \quad ,, \quad ,,} & p_n. \end{array}$$

Um diese Fehlergleichungen auf die Gewichtseinheit umzurechnen, könnte man jede Gleichung mit der Wurzel des ihr zugehörigen Gewichts multiplizieren; für die Zahlenrechnung ist es jedoch bequemer, die Produkte aap usw. *direkt* — also $aa \cdot p$, nicht aus $a\sqrt{p} \cdot a\sqrt{p}$ — zu errechnen. Nachstehend der Kopf des Rechenschemas:

a	b	c	l	s	p	aap	abp	acp	alp	asp	bbp	bcp	blp	bsp	ccp	clp	csp	llp	lsp	ssp

Die aus der Summierung der einzelnen Koeffizientenprodukte sich ergebenden Normalgleichungen

$$[aap]x + [abp]y + [acp]z + [alp] = 0$$
$$[abp]x + [bbp]y + [bcp]z + [blp] = 0$$
$$[acp]x + [bcp]y + [ccp]z + [clp] = 0$$

werden wieder durch Reduktion aufgelöst und man erhält:

$$x = -\frac{[alp \cdot 2]}{[aap] \cdot 2}; \quad y = -\frac{[blp \cdot 2]}{[bbp \cdot 2]}; \quad z = -\frac{[clp \cdot 2]}{[ccp \cdot 2]} \qquad (39)$$

$$p_x = [aap \cdot 2]; \quad p_y = [bbp \cdot 2]; \quad p_z = [ccp \cdot 2] \qquad (40)$$

Der m. F. einer nicht ausgeglichenen Beobachtung vom Gewichte $p = 1$ ist

$$m_L = \pm \sqrt{\frac{[vv \cdot p]}{n - k}}. \qquad (41)$$

Die mittleren Fehler der ausgeglichenen Beobachtungen sind

$$m_x = \frac{m_L}{\sqrt{p_x}}; \quad m_y = \frac{m_L}{\sqrt{p_y}}; \quad m_z = \frac{m_L}{\sqrt{p_z}} \qquad (42)$$

Die dritte Reduktion liefert in jedem Falle die Kontrolle

$$[llp \cdot 3] = [lsp \cdot 3] = [ssp \cdot 3] = [vvp] \qquad (43)$$

48. Aufgabe. Zur Bestimmung zweier Kapazitäten liegen folgende Messungen vor:

$$C_1 = 510 \pm 5 \text{ cm}$$
$$C_2 = 1028 \pm 8 \text{ „}$$
$$C_1 + C_2 = 1545 \pm 6 \text{ „}$$
$$\frac{C_1 \cdot C_2}{C_1 + C_2} = 338 \pm 10 \text{ „}$$

Welches sind die wahrscheinlichsten Werte der Kapazitäten und ihr m. F.?

Lösung: Wählt man als Näherungswerte

$$N_x = 510 \quad \text{und} \quad N_y = 1030$$

und gibt man einer Beobachtung mit dem m. F. $m = \pm 10$ das Gewicht 1, so erhält man folgende Fehlergleichungen:

$$x + 0 = v_1; \quad p_1 = 4{,}00$$
$$y + 2 = v_2; \quad p_2 = 1{,}56$$
$$x + y - 5 = v_3; \quad p_3 = 2{,}77$$
$$0{,}440\,x + 0{,}11\,y + 3{,}1 = v_4; \quad p_4 = 1{,}00.$$

Die Berechnung der Summenkoeffizienten liefert:

$[aap]$	$[abp]$	$[alp]$	$[asp]$	$[bbp]$	$[blp]$	$[bsp]$	$[llp]$	$[lsp]$	$[ssp]$
6,97	2,82	− 12,47	− 2,68	4,34	− 10,39	− 3,23	85,10	62,24	56,33

Die Reduktion der hieraus folgenden Normalgleichungen ergibt:

$$y = 1{,}7;\quad p_y = 3{,}2;\quad x = 1{,}1;\quad p_x = 5{,}1;\quad [vvp] = 54.$$

Hieraus das Endergebnis:

$$X = C_1 = 511{,}1 \pm 2{,}3 \text{ cm}$$
$$Y = C_2 = 1031{,}7 \pm 2{,}9 \text{ „}$$

49. Aufgabe. In dem nebenstehenden skizzierten Nivellementsnetz sind die folgenden Höhenunterschiede ermittelt worden; die Messungen sind auszugleichen.

Beobachtung	Höhenunterschied zwischen	m	Entfg. e km
L_1	A und B	26,318	13,0
L_2	B „ C	6,245	19,2
L_3	A „ C	32,557	24,6
L_4	A „ D	80,244	36,3
L_5	C „ D	47,702	12,6
L_6	B „ D	53,914	28,8

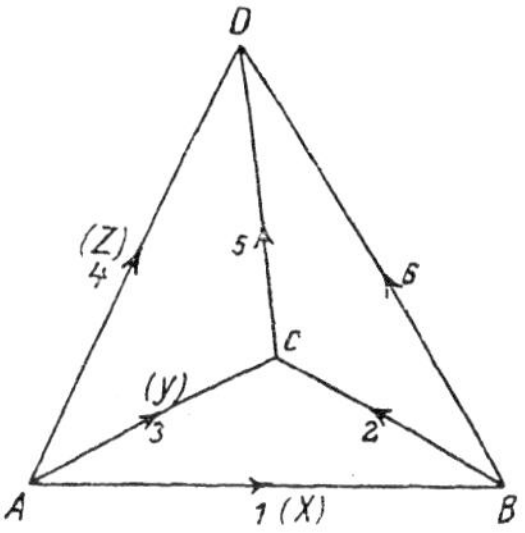

Fig. 3.

Lösung: Zur Bestimmung sämtlicher Höhenunterschiede hätten drei Messungen genügt, etwa die 1., 3. und 4. Führt man die Ergebnisse dieser Messungen als Näherungswerte ein, so lassen sich aus der Figur ohne weiteres die Fehlergleichungen aufstellen. Da die Höhenunterschiede sich auf verschieden lange Strecken beziehen, muß man ihnen verschiedene Gewichte zuerkennen; denn ein Nivellement ist je ungenauer, je länger die nivellierte Strecke ist. Setzt man das Gewicht eines 100 km langen Nivellementszuges gleich 1, so berechnet sich das Gewicht eines Nivellements von e km Länge zu

$$p = \frac{100}{e}.$$

Die Fehlergleichungen lauten:

	Gewicht
$x \quad \cdot \quad \cdot \quad \cdot = v_1$	7,7
$-x + y \quad \cdot - 6 = v_2$	5,2
$\cdot + y \quad \cdot \quad \cdot = v_3$	4,1
$\cdot \quad \cdot + z \quad \cdot = v_4$	2,7
$\cdot - y + z - 15 = v_5$	7,9
$-x \quad \cdot + z + 12 = v_6$	3,5

Die Auflösung der hieraus folgenden Normalgleichungen:

$$\begin{aligned} 16{,}4\,x - 5{,}2\,y - 3{,}5\,z - 10{,}8 &= 0 \\ -5{,}2\,x + 17{,}2\,y - 7{,}9\,z + 87{,}3 &= 0 \\ -3{,}5\,x - 7{,}9\,y + 14{,}1\,z - 76{,}5 &= 0 \end{aligned}$$

liefert $x = +\ 0{,}4;\quad y = -\ 3{,}2;\quad z = +\ 3{,}8$

$p_x = 11{,}5;\quad p_y = 9{,}5;\quad p_z = 8{,}1$

$[vv \cdot p] = 1898;$

demnach $m_x = \pm\ 7{,}4;\quad m_y = \pm\ 8{,}2;\quad m_z = \pm\ 8{,}8.$

Die ausgeglichenen Höhenunterschiede sind:

$$\begin{aligned} X &= 26{,}3184 \pm 0{,}0074 \text{ m} \\ Y &= 32{,}5538 \pm 0{,}0082 \text{ m} \\ Z &= 80{,}2478 \pm 0{,}0088 \text{ m}. \end{aligned}$$

V. Konstantenbestimmung.

13. Rechnerische Konstantenbestimmung. Häufig kommen die gesuchten Größen neben einer oder mehreren beobachteten Größen nur in Gleichungen vor, die man nicht nach den gesuchten Größen auflösen will oder nicht auflösen kann. Die gesuchten Werte spielen alsdann die Rolle von *Konstanten,* die so bestimmt werden sollen, daß den Beobachtungen genügt wird. Dieser Fall ist beispielsweise gegeben, wenn es sich darum handelt, den linearen Ausdehnungskoeffizienten eines Stabes aus Längen, die bei verschiedenen Temperaturen beobachtet wurden, zu ermitteln; es gilt alsdann die bekannte Beziehung:

$$l_t = l_0 + l_0 \cdot \alpha t,$$

wobei l_t und t beobachtet werden, l_0 und α hingegen die zu bestimmenden Konstanten darstellen.

Bezeichnet man verallgemeinernd die links vom Gleichheitszeichen stehende Beobachtung mit L, die übrigen mit r, s, t, und nennt man weiter die zu bestimmenden Koeffizienten X, Y, Z, so läßt sich die betrachtete Beziehung auf die allgemeine Form bringen:

$$L = f(X, Y, Z, r, s, t).$$

Nach Zerlegung der Unbekannten in Näherungswerte und Zuschläge in der bekannten Weise erhält man die Fehlergleichungen von der Form:

$$f\,\{(N_x + x),\ (N_y + y),\ (N_z + z),\ r,\ s,\ t\} - L = v$$

oder nach Taylor entwickelt unter Vernachlässigung der zweiten und höheren Potenzen:

$$f(N_x, N_y, N_z, r, s, t) + \frac{\partial f}{\partial N_x} \cdot x + \frac{\partial f}{\partial N_y} \cdot y + \frac{\partial f}{\partial N_z} \cdot z - L = v$$

bzw. in gekürzt geschriebener Form:

$$ax + by + cz - l = v.$$

Die Bestimmung der Zuschläge x, y, z aus diesen Fehlergleichungen bzw. der Gang der Ausgleichung deckt sich völlig mit dem im Abschnitt 11 dargelegten Verfahren und bedarf daher keiner weiteren Erläuterung. Nur eines ist noch zu bemerken: Die Beobachtungen r, s, t spielen bei der Differentiation die Rolle von Koeffizienten, werden also als *fehlerfrei* vorausgesetzt. Sämtliche Beobachtungsfehler werden als lediglich in L begangen gedacht, und durch die Ausgleichung ausschließlich auf diese verteilt. Das Verfahren entspricht aber nicht ganz den wirklichen Verhältnissen, ist jedoch in vielen Fällen deswegen anwendbar, weil tatsächlich die Fehler gewisser Beobachtungen die anderer häufig bei weitem überwiegen. So werden in dem angezogenen Beispiel die Fehler der Längenmessungen relativ ganz erheblich größer ausfallen als die der Temperaturmessungen — normale Temperaturen vorausgesetzt — oder es werden z. B. bei der Bestimmung eines Elastizitätsmoduls aus Längenmessungen eines belasteten Drahtes die Fehler der Gewichte gegen die der Längenmessungen verschwinden. Will man also das vorstehende Verfahren anwenden, so löse man gegebenenfalles die Gleichungen zwischen den Beobachtungen und den zu bestimmenden Koeffizienten nach derjenigen Beobachtung L auf, der man die größte Unsicherheit zuschreibt.

50. Aufgabe. Die Länge eines zu kontrollierenden Metermaßstabes, der auch für höhere Temperaturen dienen soll, wird bei verschiedenen Temperaturen gemessen, und zwar:

$$\begin{aligned} \text{bei } t_1 &= 20^0 \text{ zu } L_1 = 1000{,}22 \text{ mm} \\ t_2 &= 40^0 \quad ,, \quad L_2 = 1000{,}65 \quad ,, \\ t_3 &= 50^0 \quad ,, \quad L_3 = 1000{,}90 \quad ,, \\ t_4 &= 60^0 \quad ,, \quad L_4 = 1001{,}05 \quad ,, \end{aligned}$$

Zwischen L und t bestehe die Beziehung

$$L = X + Y \cdot t.$$

Die Konstanten X und Y sind zu bestimmen.

Lösung: Aus der beispielsweise ersten und letzten Beobachtung ergeben sich die Näherungswerte:

$$N_x = 999{,}8; \quad N_y = 0{,}021.$$

Damit nehmen die Fehlergleichungen die allgemeine Form an:

$$x + yt + (999{,}8 + 0{,}021\,t - L) = v$$

bzw. im einzelnen:
$$\begin{aligned} x + 20y + 0 \quad &= v_1 \\ x + 40y - 0{,}01 &= v_2 \quad \text{usw.} \end{aligned}$$

Für die Zahlenrechnung ist es bequem, wenn die Koeffizienten von der gleichen Größenordnung sind und möglichst nahe an 1 liegen. Im vorliegenden Falle erreicht man das dadurch, daß man die beobachteten Längen in Hundertstel-Millimetern und die Temperaturen in Zehnergraden ausdrückt. Die Fehlergleichungen lauten alsdann:

$$x + yt + (99980 + 21t' - L') = v'$$

bzw. im einzelnen:

$$x + 2y + 0 = v_1'$$
$$x + 4y - 1 = v_2'$$
$$x + 5y - 5 = v_3'$$
$$x + 6y + 1 = v_4'.$$

Sie werden nach dem bekannten Schema ausgewertet, das diesmal eine wesentliche Vereinfachung dadurch erfährt, daß sämtliche Koeffizienten von x gleich 1 sind:

aa a	ab b	al l	bb	bl	ll[1]
1	2	0	4	0	0
1	4	— 1	16	— 4	1
1	5	— 5	25	— 25	25
1	6	1	36	6	1
4	17	— 5	81	— 23	27

Die Reduktionen der hieraus folgenden Normalgleichungen ergeben:

$$x = +\ 0{,}5; \quad p_x = 0{,}4;$$
$$y = +\ 0{,}21; \quad p_y = 8{,}6;$$
$$[v'v'] = 20{,}4.$$

Damit wird $X = 99980{,}5 \pm 5$ bzw. $999{,}80_5 \pm 0{,}05$

$Y = 21{,}21 \pm 1{,}1$ „ $0{,}021_2 \pm 0{,}001.$

Endergebnis: $L = 999{,}80 + 0{,}021_2 t.$

Die als Schlußkontrolle durchgeführte Einzelberechnung der v und vv und die hieraus ermittelte $[vv]$ zeigt befriedigende Übereinstimmung mit dem oben gefundenen Wert.

51. Aufgabe. Wenn man zu wässeriger schwefliger Säure Jodsäurelösung zusetzt, so findet Abscheidung von Jod statt. Die Reaktion erfolgt bei konzentrierten Flüssigkeiten sofort; bei Verwendung verdünnter Lösungen hingegen hält sich die Mischung eine Weile, um sich dann ganz plötzlich zu bläuen. Werden die Wassermenge und die schweflige Säure konstant gehalten, die Jodsäure aber variiert, so findet sich, daß die Reaktionsdauer t gleich ist

$$t = X : n^Y$$

(H. Landolt). Hierin ist n die Anzahl der Moleküle Jodsäure; X und Y sind Konstanten, die aus nachstehender Versuchsreihe ermittelt werden sollen:

t	n
23,30	1,2
17,12	1,5
13,12	1,8
8,48	2,4
6,23	3,0
4,82	3,6
3,88	4,2

1) Die Summenkontrolle ist hier wegen der Einfachheit der Zahlen als überflüssig weggelassen.

Lösung: Die durch Entwicklung nach Taylor sich ergebenden linearen Fehlergleichungen haben die allgemeine Form:

$$\frac{N_x}{n^{N_y}} - \frac{x}{n^{N_y}} - \frac{N_x}{n^{N_y}} \cdot \log \operatorname{nat} n \cdot y - t = v.$$

Setzt man $N_x = 30{,}217; \quad N_y = 1{,}425,$

so erhält man im einzelnen:

$$\begin{aligned}
0{,}77\,x - 0{,}043\,y + 0{,}003 &= v_1\\
0{,}56\,x - 0{,}069\,y - 0{,}164 &= v_2\\
0{,}43\,x - 0{,}077\,y - 0{,}044 &= v_3\\
0{,}29\,x - 0{,}076\,y + 0{,}199 &= v_4\\
0{,}21\,x - 0{,}069\,y + 0{,}085 &= v_5\\
0{,}16\,x - 0{,}062\,y + 0{,}050 &= v_6\\
0{,}13\,x - 0{,}056\,y + 0{,}030 &= v_7.
\end{aligned}$$

Die Auflösung der hieraus folgenden Normalgleichungen ergibt:

$$x = +\,0{,}189 \pm 0{,}169; \quad y = +\,0{,}014 \pm 0{,}011.$$ [1])

52. Aufgabe. Bei der Messung der Zeitkonstante eines Widerstandes für hochfrequente Ströme wurden in einer Wechselstrombrücke einmal folgende Beobachtungen gemacht:

Nr. der Messung	Konstante Kapazitäten		Ohmsche Widerstände		Zeitkonstante
			Einstellung	Messung	Rechnung
	C_1	C_2	R_1	R_2	T
1	$1 \cdot 10^{-8}$ Fd	$24{,}97 \cdot 10^{-8}$ Fd	250 Ω	14,5 Ω	$-112{,}5 \cdot 10^{-8}$ sek
2	„	„	220 „	13,3 „	$-112{,}5 \cdot 10^{-8}$ „
3	„	„	200 „	12,4 „	$-110{,}0 \cdot 10^{-8}$ „
4	„	„	150 „	10,4 „	$-110{,}0 \cdot 10^{-8}$ „
5	„	„	100 „	8,3 „	$-107{,}5 \cdot 10^{-8}$ „
6	„	„	50 „	6,3 „	$-107{,}5 \cdot 10^{-8}$ „

Die Berechnung der Zeitkonstantendifferenzen T erfolgen nach der Gleichung

$$T = R_1 C_1 - R_2 C_2.$$

Die systematische Abhängigkeit der errechneten T von der Größe der Widerstände R_1 läßt darauf schließen, daß C_1 oder C_2 unrichtig angegeben ist. Da C_1 nachgeprüft werden konnte und der in die Rechnung eingeführte Wert als richtig anerkannt werden mußte, so bleibt als einzige verdächtige Größe C_2 übrig. Es soll daher der wahrscheinlichste Wert für C_2 im Wege der Ausgleichung berechnet werden.

---

1) Nach Helmert, a. a. O. S. 385f.

Lösung: Da das Abgleichen der Brüche durch Variieren des Widerstandes R_1 erfolgte und daher diese Größe die meiste Unsicherheit aufweist, ist die vorgelegte Gleichung nach R_2 aufzulösen:

$$R_2 = \frac{R_1 C_1 - T}{C_2},$$

wobei also T u. C_2 die zu berechnenden Konstanten,
R_1 u. C_1 die fehlerfreien, und
R_2 die fehlerbehafteten Beobachtungen bedeuten.

Wählt man nun

als Einheit der Kapazität $1 \cdot 10^{-8}$ Fd
" " " Zeit $1 \cdot 10^{-8}$ sek

und als Näherungswerte $N_T = -100$
$N_{C_2} = 24{,}0$, so folgen aus

$$R_2 = \frac{R_1 - T}{C_2}; \quad T = N_T + x; \quad C_2 = N_{C_2} + y$$

die Fehlergleichungen

$$\frac{x}{24} + \frac{R_1 + 100}{24^2} y + \frac{24 R_2 - R_1 - 100}{24} = v'$$

oder, wenn man zur Vereinfachung der Rechnung setzt:

$$v = 24 v'$$ [1]

$$x + \frac{R_1 + 100}{24} y + (24 R_2 - R_1 - 100) = v.$$

Hieraus folgt:

a aa	b ab	l al	s as	bb	bl	bs	ll	ls	ss
1	14,6	— 2,0	13,6	213	— 29,1	198	4,00	— 27,1	184
1	13,3	— 0,8	13,5	177	— 10,7	180	0,64	— 10,8	183
1	12,5	— 2,4	11,1	156	— 30,0	138	5,76	— 26,7	123
1	10,4	— 0,5	10,9	108	— 5,2	113	0,25	— 5,4	119
1	8,3	— 0,8	8,5	69	— 6,7	71	0,64	— 6,8	73
1	6,2	+ 1,2	8,5	38,5	+ 7,5	53	1,44	+ 10,1	71
6	65,3	— 5,3	66,1	761,5	— 74,2	753	12,7	— 66,7	753

Das Ergebnis der Reduktionen ist:

$$\left.\begin{array}{ll} y = +0{,}33; & p_y = 50 \\ x = -2{,}8; & p_x = 0{,}4 \end{array}\right\} [vv] = 2{,}6$$

$$m_y = \pm 0{,}13; \quad m_x = \pm 1{,}3$$

Daher: $T = -102{,}8 \pm 1{,}3 \quad (10^{-8}\text{ sek})$
$C_2 = 24{,}33 \pm 0{,}13 \quad (10^{-8}\text{ Fd}).$

1) Das Ergebnis der Ausgleichung ändert sich nicht, wenn man die Fehlergleichungen mit einem konstanten Faktor multipliziert!

Bemerkung: Der wahre Wert der Kapazität C_2 wurde später zu $24{,}24 \cdot 10^{-8}$ Fd bestimmt; der errechnete Wert liegt also innerhalb der erwarteten Fehlergrenzen.

Übrigens kann die durchgeführte Berechnung keinen Anspruch auf absolute Strenge machen, da die Gewichte der einzelnen Beobachtungen, die doch offenbar verschieden sind, unberücksichtigt blieben. Vgl. hierzu Abschnitt 16.

53. *Aufgabe.* Zwei parallel im Gesichtsfelde eines Fernrohres gespannte Fäden können bekanntlich im Verein mit einer Nivellierlatte zur Distanzmessung benutzt werden. Für die zu ermittelnde Distanz D gilt die Gleichung

$$D = c + a \cdot k,$$

wobei c = die sog. kleine Konstante des betr. Instrumentes,
a = den zwischen den Fäden gesehenen Lattenabschnitt,
k = die Hauptkonstante des Distanzmessers bedeutet.

Um die Konstante k zu ermitteln, wurden die nebenstehend zusammengestellten Messungen ausgeführt; außerdem ist c direkt und zwar zu $c = 0{,}40$ m bestimmt worden. Es ist der wahrscheinlichste Wert für k anzugeben.

Gemessene Distanz D	Längenabschnitt a
30 m	0,296 m
45 „	0,447 „
60 „	0,599 „
80 „	0,797 „
100 „	0,998 „

Lösung: In der Gleichung

$$D = c + a \cdot k$$

stellen D und a Beobachtungen, c und k die zu bestimmenden Konstanten dar. Nun ist aber c bereits anderweitig, und zwar sicher weit genauer, als es das Ausgleichungsverfahren liefern würde, bestimmt worden, scheidet als Unbekannte also aus. Die Gleichung geht somit über in

$$D = 0{,}40 + ak$$

oder

$$ak - (D - 0{,}40) = 0.$$

Zu den Fehlergleichungen übergehend erhält man, wenn man für k zunächst einen Näherungswert N_x und als Unbekannte den hierzu erforderlichen Zuschlag x einführt:

$$a \cdot x + (a \cdot N_x - D + 0{,}4) = v$$

bzw. im einzelnen (für $N_x = 100$):

$$0{,}296\,x = v_1$$
$$0{,}447\,x + 0{,}1 = v_2$$
$$0{,}599\,x + 0{,}3 = v_3$$
$$0{,}797\,x + 0{,}1 = v_4$$
$$0{,}998\,x + 0{,}2 = v_5.$$

Hieraus folgt die Normalgleichung:

$$2{,}276\,x + 0{,}504 = 0,$$

deren Auflösung die Werte:

$$x = -0{,}222$$
$$[vv] = 0{,}038$$
$$p_x = 2{,}276$$

liefert. Als Endergebnis hat man:

$$k = 99{,}778 \pm 0{,}020.$$

14. **Graphische Konstantenbestimmung.** Bei den zuletzt behandelten Aufgaben gelangten wir dadurch zu Näherungswerten, daß wir aus dem vorgelegten Beobachtungsmaterial soviel Wertpaare herausgriffen, als Unbekannte vorhanden waren, und daraus die Konstanten in erster Näherung berechneten. Dieses Verfahren ist aber nicht immer unbedenklich. Es könnten ja die eine der willkürlich herausgegriffenen Beobachtungen oder vielleicht sogar mehrere zufällig besonders ungenau ausgefallen sein; die Folge wäre, daß die im Ausgleichungsverfahren errechneten Zuschläge so groß ausfielen, daß ihre 2. Potenzen schon nicht mehr vernachlässigt werden dürften. Da dies dennoch geschieht, wäre das Resultat unbefriedigend, und die ganze Ausgleichung müßte mit günstigeren Näherungswerten nochmals durchgeführt werden. Diese Sonderarbeit läßt sich vermeiden, wenn man die Beobachtungen in ein kartesisches Koordinatensystem einträgt und die der theoretischen entsprechende „ausgleichende" Kurve einzeichnet. Hat diese die Gleichung

$$L = X + Yr,$$

so ist sie eine Gerade, die so zu legen ist, daß die Punkte $P\left\{\begin{matrix} L \\ r \end{matrix}\right.$ etwa gleichmäßig links und rechts verteilt sind; auch bei anderen theoretischen Zusammenhängen läßt sich die ausgleichende Kurve meist ohne Schwierigkeit zeichnen. Auf Grund derselben errechnet man dann die Näherungswerte sämtlicher Unbekannten und führt schließlich die Ausgleichung nach den in den früheren Abschnitten erläuterten Grundsätzen zu Ende.

Bei manchen technischen Messungen erübrigt sich übrigens die strenge Ausgleichung, und man begnügt sich mit dem angegebenen graphischen Näherungsverfahren. So einfach diese Methode ist, gestattet sie dennoch mit Hilfe der aus der maßstäblichen Zeichnung entnommenen Abweichungen v eine für viele Zwecke ausreichend genaue Ausgleichung und Fehlerbestimmung — vorausgesetzt, daß der theoretische Zusammenhang zwischen den Beobachtungen und den Konstanten bekannt ist. — Legt man, falls man etwa im Zweifel ist, nicht nur eine, sondern zwei oder mehrere Kurven durch die gegebenen Punktreihen, so ist diejenige Kurve die wahrscheinlichste, für welche der Ausdruck $[vv]$ den kleinsten Wert ergibt.

Der Erfahrung und der Verantwortung des Rechners muß es natürlich im einzelnen Falle überlassen bleiben, zu entscheiden, wo es angängig erscheint, auf die strenge Rechnung zu verzichten, und es bei der bequemeren graphischen Bestimmung bewenden zu lassen.

54. *Aufgabe.* Zur Bestimmung der Konstanten α und β eines hydrometrischen Flügels wurden die nebenstehend zusammengestellten Umdrehungszahlen n bei den daneben geschriebenen Wassergeschwindigkeiten V beobachtet. Für das Instrument gilt die Gleichung

$$V = \alpha + \beta \cdot n.$$

Der wahrscheinlichste Wert der Konstanten ist anzugeben.

Nr.	m/sek V	1/min n
1	0,49	20
2	0,55	32
3	0,65	45
4	0,76	55
5	0,81	57
6	0,91	64
7	1,05	77
8	1,18	90
9	1,22	90

Lösung: Um brauchbare Näherungswerte zu erhalten, trage man die beobachteten Wertpaare in ein rechtwinkliges Koordinatensystem ein (Fig. 4). Die ausgleichende Kurve muß wegen des Baues der vorgelegten Flügelgleichung eine Gerade sein; sie geht, nach dem Augenmaß eingetragen, durch die Punkte

$$P_1 \begin{cases} v = 0{,}43 \\ n = 20 \end{cases} \qquad P_2 \begin{cases} v = 1{,}27 \\ n = 100. \end{cases}$$

Mit diesen Werten geht die Flügelgleichung über in

$$\begin{aligned} 0{,}43 &= \alpha + 20\ \beta \\ 1{,}27 &= \alpha + 100\,\beta, \end{aligned}$$

woraus sich

$$\alpha = 0{,}22 \quad \text{und} \quad \beta = 0{,}0105$$

ohne weiteres berechnen lassen.

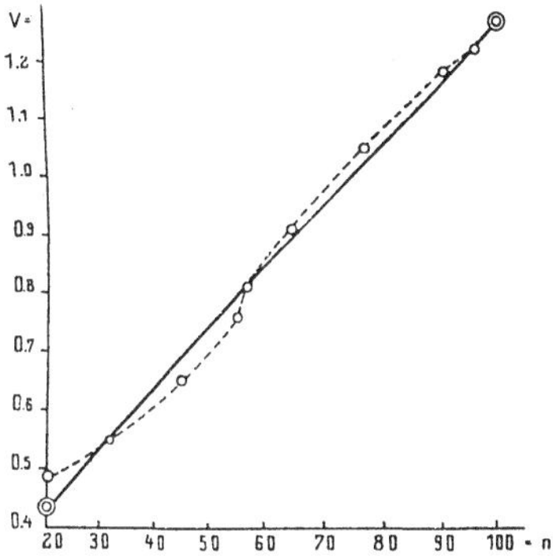

Fig 4.

Das Ergebnis der graphischen Konstantenbestimmung wäre somit die Flügelgleichung:

$$V = 0{,}22 + 0{,}0105\,n.$$

Für die strengere Ausgleichung sind diese graphisch ermittelten Konstanten lediglich Näherungswerte, die in die Fehlergleichungen eingehen; diese lauten allgemein:

$$x + ny + (0{,}22 + 0{,}0105\,n - V) = v$$

oder im einzelnen: $x + 20y - 0{,}060 = v_1$

$$x + 32y - 0{,}006 = v_2 \quad \text{usw.}$$

Um für die Rechnung bequemere Zahlen, die möglichst nahe an 1 liegen, zu erhalten, führen wir für die V und n andere Maßeinheiten ein.

Die Koeffizienten von y sind Umdrehungen/Minute. Nun sind 20 Umdr./min = 2 Umdr./0,1 min; d. h. wir beziehen die Umdrehungszahlen nicht auf die Minute, sondern auf die Zehntelminute, wodurch die Koeffizienten von y sich auf den 10. Teil ihrer ursprünglichen Größe reduzieren.

Aus der allgemeinen Fehlergleichung erkennen wir ferner, daß die freien Koeffizienten der speziellen Gleichungen Geschwindigkeitsdifferenzen sind, ausgedrückt in m/sek. Nun sind 0,06 m/sek = 6 cm/sek; 0,006 m/sek = 0,6 cm/sek, woraus wir schließen dürfen, daß die Einführung des Maßes cm/sek für die Geschwindigkeiten hier die für die Weiterrechnung erwünschten bequemen Zahlen liefern wird.

Die Umrechnung der beobachteten Werte geschieht durch eine einfache Umstellung des Kommas.

Die auf die neuen Maße bezogenen Fehlergleichungen lauten nunmehr:

$$\begin{aligned}
x + 2\ \ y - 6{,}0 &= v_1\\
x + 3{,}2\,y + 0{,}6 &= v_2\\
x + 4{,}5\,y + 4{,}3 &= v_3\\
x + 5{,}5\,y + 3{,}8 &= v_4\\
x + 5{,}7\,y + 0{,}9 &= v_5\\
x + 6{,}4\,y - 1{,}8 &= v_6\\
x + 7{,}7\,y - 2{,}2 &= v_7\\
x + 9{,}0\,y - 1{,}5 &= v_8\\
x + 9{,}6\,y + 0{,}8 &= v_9.
\end{aligned}$$

Die Abweichungen $-6{,}0$, $+0{,}6$, $+4{,}3$ usw. hätte man, statt zu berechnen, auch aus der Zeichnung entnehmen können; man erkennt, daß die Abweichungen aller Punkte oberhalb der Geraden negativ, die übrigen positiv in die Fehlergleichung eingehen.

Die Auswertung geschieht wieder nach dem bekannten Schema. Das Endergebnis ist:

$$\alpha' = 23{,}0 \pm 3{,}2; \quad \beta' = 10{,}35 \pm 0{,}5\,.$$

$$V = 0{,}230 + 0{,}0103\,n.$$

Der Koeffizient α ist, wie die Größe des m. F. erkennen läßt, verhältnismäßig sehr unsicher.

55. *Aufgabe.* Mit dem in Aufg. 53 berechneten hydrometrischen Flügel werde eine Wassergeschwindigkeitsmessung vorgenommen; man erhält $n = 85$ Umdr./min. Welcher Wassergeschwindigkeit entspricht dies und welchen Grad der Zuverlässigkeit beansprucht diese Angabe?

Lösung: Es ist

$$V = 0{,}22 + 0{,}0105 \cdot 85 = 1{,}11 \text{ m/sek.}$$

Sieht man n als fehlerfrei an, so ergibt das Fehlerfortpflanzungsgesetz:

$$m_V = \sqrt{0{,}032^2 + (85 \cdot 0{,}0005^2)} = \pm\, 0{,}0532 \text{ m/sek},$$

was einer prozentualen Unsicherheit von $\pm$ 4,8 % entspricht.

15. Verfahren bei gleichen Intervallen. Wenn für die durch die zugeordneten Beobachtungen L und r zu bestimmenden Konstanten X und Y die lineare Beziehung

$$L = X + Yr$$

besteht und die Beobachtungen r in jeweils gleichen Zeit- bzw. Längenabständen gemacht werden, so kann die Rechnung u. U. beträchtlich vereinfacht werden.

Es lassen sich nämlich dann die Beobachtungen r und L in Form von Maßstäben auftragen (Fig. 5), und es bedeutet in der obigen Gleichung:

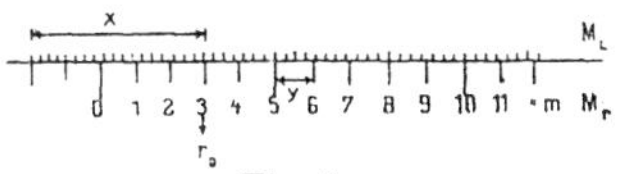

Fig. 5.

$X =$ eine Ablesung an dem Maßstab M_L, die einem beliebig angenommenen, im weiteren Verlauf der Rechnung aber konstant beibehaltenen Teilstrich r_0 des zu untersuchenden „Maßstabes" M_r zugeordnet ist;

$Y =$ wahrscheinlicher Abstand zweier Teilstriche des zu untersuchenden Maßstabes.

Ist nun n die laufende Nummer eines beliebigen Teilstriches auf M_r, so ist das zugehörige $r = (n - r_0)$, während unter L die Ablesung auf M_L beim $r$ten Teilstriche des Maßstabes M_r zu verstehen ist. Die obige Gleichung geht somit über in

$$L = X + (n - r_0)\, Y.$$

Die Aufstellung und Auflösung der Normalgleichungen geschieht nach den im Abschnitt 13 bzw. früher gegebenen Regeln. Die angedeutete Vereinfachung der Operationen erzielt man dadurch, daß man für r_0 das arithmetische Mittel aus sämtlichen beobachteten n einführt und durch eine geeignete Anzahl bzw. Anordnung der Beobachtungen dafür Sorge trägt, daß r_0 eine ganze Zahl wird. $[r]$ wird alsdann Null.

56. Aufgabe. Fünf Knotenpunkte eines Wellenzuges wurden mit einem Millimetermaßstab wie folgt gemessen:

Knotenpunkt Nr.:	1	2	3	4	5 $(= n)$
Ablesung am mm-Maßstab:	12,5	24,25	36,70	48,78	60,85 $(= L)$.

Welches ist die ausgeglichene Knotenpunktsentfernung?

Lösung: Es ist $L = X + (n - r_0) Y.$

Wählt man für $r_0 = \frac{1+2+3+4+5}{5} = 3$

$$N_x = 36{,}7; \quad N_y = 12{,}1,$$

so nehmen die Fehlergleichungen die Form an:

$$x + (n - r_0) y + \{N_x + (n - r_0) N_y - L\} = v;$$

im einzelnen also, wenn die l im Interesse einer bequemeren Rechnung in Hundertstel-Millimetern eingeführt werden:

$$\begin{aligned} x - 2y - 0 &= v_1 \\ x - 1y - 5 &= v_2 \\ x - 0y - 0 &= v_3 \\ x + 1y + 2 &= v_4 \\ x + 2y + 5 &= v_5. \end{aligned}$$

Die Auswertung der hieraus folgenden Normalgleichungen liefert

$$y = -1{,}7; \quad p_y = 10; \quad [vv] = 24{,}3; \quad m_y = \pm 0{,}9.$$

Das Endergebnis ist $y = 12{,}083 \pm 0{,}009$ mm.

Auf die Berechnung von X kann aus naheliegenden Gründen verzichtet werden.

57. Aufgabe. Um die Ganghöhe einer Mikrometerschraube zu ermitteln, verschaffte man sich einen Abdruck des Gewindes auf Papier und machte dann mit Hilfe eines genauen Maßstabes und einer Lupe folgende Ablesungen:

Schraubengang:	1	7	13	18	35	49	56	61
Maßstab:	15,35	18,5	21,68	24,32	33,32	40,70	44,42	47,05.

Die Ganghöhe ist zu ermitteln.

Lösung: Ganghöhe $Y = 0{,}5286 \pm 0{,}00015$ mm.

58. Aufgabe. Zur Bestimmung der Empfindlichkeit von Röhrenlibellen bedient man sich des sog. Legebrettes. Es ist dies ein rechteckiges Brett, an dessen einer Schmalseite sich zwei Füße befinden; in der Mitte der anderen Schmalseite ist eine Mikrometerschraube derart angeordnet, daß die Neigung des flachliegenden Brettes gegen die Horizontale durch mehr oder minder tiefes Einschrauben dieser Stellschraube verändert werden kann. Der Winkel, um welchen das Brett sich neigt, wenn die Schraube gerade *einmal* herumgedreht wird, heißt *Konstante des Legebrettes.* Um sie zu bestimmen, wurde von dem Gewinde der Stellschraube ein Abdruck auf Papier hergestellt; dann wurden mit Hilfe eines genauen Maßstabes und einer Lupe folgende Ablesungen gemacht:

Gewinde:	1	8	19	28	39
Maßstab:	7,65	10,55	15,15	18,90	23,60 mm.

Der senkrechte Abstand der Mikrometerschraube von der durch die Spitzen der beiden anderen Füße gehenden Verbindungslinie wurde zu $a = 432{,}85 \pm 0{,}08$ mm ermittelt. Es sind die Konstante dieses Legebrettes und ihr m. F. anzugeben.

Lösung: Die Ausgleichung liefert für die Ganghöhe der Schraube

$$h = 0{,}4197 \pm 0{,}0016 \text{ mm}.$$

Dreht man die Schraube einmal herum, so beträgt der Winkel, um welchen das Brett dadurch geneigt wird:

$$\alpha = 206\,265 \frac{h}{a} \text{ Sekunden.}$$

Die Auswertung, die zweckmäßig logarithmisch erfolgt (vgl. Abschnitt 7), liefert

$$\alpha = 200{,}0 \pm 0{,}8 \text{ Sekunden.}$$

Die Berechnung läßt erkennen, daß der Fehler in α ausschließlich durch die Ungenauigkeit in der Bestimmung der Ganghöhe h bedingt wird.

59. Aufgabe. Mit einer Taschenuhr beobachtete man an 7 aufeinanderfolgenden Tagen 1^h mittags das mit Hilfe eines Senders für elektrische Wellen von der Funkstation Nauen gegebene Zeitsignal wie folgt:

	1.	2.	3.	4.	5.	6.	7. Tag
Zeit:	$1^h\, 1^{min}\, 8{,}0^{sek}$	12,4	13,2	15,6	19,4	21,8	24,2 sek.

Was folgt aus diesen Beobachtungen für den Gang der benutzten Uhr?

Lösung: Die Ausgleichung liefert bei $N_x = 15{,}6$; $N_y = 2{,}7$ folgende Werte:

$$y = -0{,}15;\ p_y = 28;\ [vv] = 5{,}19;\ m_L = \pm 0{,}93;\ m_y = \pm 0{,}18.$$

Daraus entnehmen wir:

1. Die Uhr geht täglich (d. h. innerhalb des Zeitraumes zwischen zwei aufeinanderfolgenden Beobachtungen) $2{,}7 - 0{,}15 = 2{,}55$ Sekunden vor; diese Angabe ist vermutlich um $\pm 0{,}18$ Sekunden unsicher.

2. Jede Einzelbeobachtung ist mit einem m. F. von $\pm 0{,}93$ Sekunden behaftet; nimmt man an, daß mit einer Taschenuhr die Zeit sich auf $\pm 0{,}2$ Sekunden genau ablesen lasse, so bleibt nach Gleichung 7 als mittlerer Uhrfehler pro Tag ein Betrag von

$$\sqrt{0{,}93^2 - 0{,}2^2} = \pm 0{,}91 \text{ sek}$$

übrig. Dieser ist durch ungleichförmigen Gang der Uhr bedingt.

16. **Verfahren bei verschiedener Genauigkeit der Beobachtungen.** Es wurde früher bereits darauf hingewiesen, daß bei dem bisher angewandten Verfahren die Fehler auf nur *eine* der beobachteten Größen geschoben werden. Sind nun die mittleren Fehler der einzelnen Beobachtungsgrößen bekannt und haben sie sämtlich

einen nicht zu vernachlässigenden Einfluß auf das Resultat, so ist das bisherige Verfahren nicht mehr zulässig; folgende Betrachtungen führen jedoch alsbald zum Ziele:

Bringt man den naturgesetzlichen Zusammenhang auf die Form:

$$\text{a)} \qquad f(X, Y, Z, \ldots, r, s, t \ldots) = 0,$$

wo X, Y, Z usw. die durch die Beobachtungen r, s, t usw. zu bestimmenden Koeffizienten darstellen, und führt man für $X, Y, Z \ldots$ wieder die Näherungswerte $N_x, N_y, N_z \ldots$ ein, so erhält man ganz ähnlich wie früher die Fehlergleichungen von der allgemeinen Form:

$$\text{b)} \qquad f(N_x, N_y, N_z, r, s, t) + \frac{\partial f}{\partial N_x} x + \frac{\partial f}{\partial N_y} y + \frac{\partial f}{\partial N_z} z = v$$

oder nach Einführung von l für $f(N_x, N_y, N_z, r, s, t)$:

$$\text{c)} \qquad \frac{\partial f}{\partial N_x} x + \frac{\partial f}{\partial N_y} y + \frac{\partial f}{\partial N_z} z + l = v.$$

Diese Fehlergleichungen bzw. die einzelnen v haben nun wegen der etwa verschiedenen mittleren Fehler in r, s, t usw. — sie mögen mit m_r, m_s, m_t usw. bezeichnet werden —, *verschiedenes Gewicht.* Um dieses für jede Gleichung angeben zu können, berechne man zunächst nach Gleichung 15 deren mittleres Fehlerquadrat zu

$$\text{d)} \qquad m_v^2 = m_r^2 \left(\frac{\partial f}{\partial r}\right)^2 + m_s^2 \left(\frac{\partial f}{\partial s}\right)^2 + m_t^2 \left(\frac{\partial f}{\partial t}\right)^2;$$

hieraus folgt das Gewicht der einzelnen Fehlergleichungen zu

$$\text{e)} \qquad p_v = \frac{m^2}{m_v^2},$$

wobei unter m der mittlere Fehler der beliebig zu wählenden Gewichtseinheit zu verstehen ist.

Die weitere Behandlung der so erhaltenen, mit Gewichten versehenen Fehlergleichungen deckt sich völlig mit der im Abschnitt 12 beschriebenen und braucht daher nicht nochmals erörtert zu werden.

Sollen schließlich die Fehler auf die einzelnen Beobachtungen $r, s, t \ldots$ verteilt werden, so geschieht dies mit Hilfe der Beziehungen:

$$\text{f)} \qquad \mathfrak{r} = \frac{m_r^2}{m_v^2} \cdot \frac{\partial f}{\partial r} \cdot v \qquad \mathfrak{s} = \frac{m_s^2}{m_v^2} \cdot \frac{\partial f}{\partial s} \cdot v \qquad \mathfrak{t} = \frac{m_t^2}{m_v^2} \cdot \frac{\partial f}{\partial t} \cdot v,$$

wobei $\mathfrak{r}, \mathfrak{s}, \mathfrak{t} \ldots$ die Fehler bedeuten, mit denen die bzw. Beobachtungen $r, s, t \ldots$ behaftet sind.

60. Aufgabe. Der elektrische Widerstand eines Drahtes, der zu pyrometrischen Zwecken Verwendung finden soll, folge dem Gesetz:

$$w_t = w + \alpha t + \beta t^2,$$

worin w_t und t Beobachtungen, und ω, α und β Konstanten darstellen, die durch die Beobachtungen bestimmt werden sollen. Man führte vier Messungen aus, die folgende Werte ergaben:

Temperatur t: 650 ± 6 $684 \pm 3{,}5$ 712 ± 2 780 ± 9 C°

Widerstand w_t:

$2{,}421 \pm 0{,}004$ $2{,}533 \pm 0{,}005$ $2{,}638 \pm 0{,}003$ $2{,}880 \pm 0{,}005\,\Omega$.

Es sind die Fehlergleichungen aufzustellen und ihre Gewichte anzugeben.

Lösung: Der naturgesetzliche Zusammenhang läßt sich auf die Form bringen:

a) $$w + t\alpha + t^2\beta + w_t = 0$$

oder wenn man für die Konstanten die gebräuchlichen Symbole X, Y, Z setzt:

b) $$X + tY + t^2 Z - w_t = 0$$

bzw. c) $$X + tY + t^2 Z - w_t = v.$$

Entwickelt man diese Fehlergleichungen in der bekannten Weise nach Taylor, so nehmen sie die Form an:

d) $$x + ty + t^2 + (N_x + tN_y + t^2 N_z - \omega_t) = v.$$

Führt man weiter aus hinreichend bekannten Gründen die Temperaturen t in Tausender-Graden, die Widerstände ω_t aber in Hundertstel-Ohm ein, und wählt man schließlich als Näherungswerte etwa:

e) $$N_x = 53; \quad N_y = 212; \quad N_z = 117,$$

so lauten die Fehlergleichungen im einzelnen:

f) $x + 0{,}650\,y + 0{,}422\,z - 1{,}9 = v_1$ mit dem Gewicht p_1

$x + 0{,}684\,y + 0{,}486\,z - 0{,}5 = v_2$ " " " p_2

$x + 0{,}712\,y + 0{,}507\,z - 0{,}6 = v_3$ " " " p_3

$x + 0{,}780\,y + 0{,}609\,z + 1{,}5 = v_4$ " " " p_4

Das Gewicht jeder dieser Gleichungen ist gleich dem Gewicht der entsprechenden ursprünglichen Gleichung von der Form c), deren mittleres Fehlerquadrat sich berechnet zu

g) $$m_v^2 = m_t^2 \cdot Y^2 + m_t^2\,(2\,tZ)^2 + m_{w_t}^2 = m_t^2\,(Y^2 + 4\,t^2 Z^2) + m_{w_t}^2$$

Da die strengen Werte für Y und Z noch nicht bekannt sind, führen wir, um die numerische Berechnung der einzelnen m_v bewerkstelligen zu können, statt ihrer die oben angegebenen Näherungswerte ein, was wir ja mit Rücksicht auf unsere Bemerkung auf Seite 15 unbedenklich tun dürfen. Unter Beachtung ferner des Umstandes, daß die m. F. in t und w_t in den für die Fehlergleichungen gewählten Maßeinheiten eingesetzt werden müssen, erhält man:

h) für die 1. Fehlergleichung $m_v^2 = 0{,}006^2\,(212^2 + 4 \cdot 0{,}65^2 \cdot 117^2) + 0{,}4^2 = 0{,}993$

" " 2. " $m_v^2 = 1{,}058$

" " 3. " $m_v^2 = 0{,}381$

" " 4. " $m_v^2 = 6{,}592$

Hieraus folgen schließlich, wenn man beispielsweise der 4. Fehlergleichung mit dem m. F. 6,592 das Gewicht 1 zuerkennt, mit Rücksicht auf die Beziehung

$$p_v = \frac{m^2}{m_v^2},$$

die einzelnen Gewichte:

$$\begin{aligned} p_1 &= 6{,}63 \\ p_2 &= 6{,}22 \\ p_3 &= 17{,}28 \\ p_4 &= 1{,}00. \end{aligned}$$

VI. Ausgleichung bedingter Beobachtungen.

17. **Theorie des Ausgleichungsverfahrens und Anwendungsbeispiel.** Wenn in einem ebenen Dreieck die drei Winkel

$$L_1 = \alpha; \quad L_2 = \beta; \quad L_3 = \gamma = 180 - (\alpha + \beta)$$

gemessen sind, so ergeben sich nach dem bisher angewendeten Verfahren drei Fehlergleichungen, die im vorliegenden Falle

$$\begin{aligned} x \quad\quad \cdot - l_1 &= v_1 \\ y - l_2 &= v_2 \\ -x - y - l_3 &= v_3 \end{aligned}$$

lauten würden, und deren Zustandekommen keiner Erläuterung mehr bedarf.

Man kann aber auch anders verfahren. Zur eindeutigen Bestimmung der Dreieckswinkel brauchten nur zwei Winkel — etwa α und β — gemessen zu werden; der dritte ergibt sich aus der bekannten Beziehung

$$\gamma = 180 - \alpha - \beta.$$

Wird nun der dritte Winkel trotzdem gemessen, so muß er *auch nach der Ausgleichung* der Bedingung

$$\gamma = 180^0 - \alpha - \beta$$

genügen, weswegen diese Gleichung *Bedingungsgleichung* genannt wird.

Statt wie bisher direkt auf Grund des vorliegenden Beobachtungsmaterials die Fehlergleichungen aufzustellen, kann man nun auch so vorgehen, daß man

1. die für die Definition der Unbekannten erforderlichen Gleichungen, sowie
2. die aus den überschüssigen Beobachtungen sich ergebenden Bedingungsgleichungen aufstellt, und schließlich
3. die eigentliche Ausgleichung nach einem entsprechenden Verfahren durchführt.

Dieses Verfahren, das man kurz „Ausgleichung nach bedingten Beobachtungen" nennt, möge im folgenden generell dargestellt werden.

Zur Bestimmung der n Unbekannten $X_1, X_2, \ldots, X_n$ seien die direkten Beobachtungen

$$L_1, L_2, \ldots, L_n \tag{1}$$

mit den Gewichten $p_1, p_2, \ldots, p_n$ ausgeführt, die ausgeglichenen Werte der Unbekannten X_1, X_2 usw. sollen die Bedingungen

$$\begin{aligned} \varphi_1(X_1, X_2, \ldots, X_n) &= 0 \\ \varphi_2(X_1, X_2, \ldots, X_n) &= 0 \\ \varphi_3(X_1, X_2, \ldots, X_n) &= 0 \end{aligned} \tag{2}$$

erfüllen. Ersetzt man in diesen Bedingungsgleichungen die Unbekannten X durch die mit Verbesserungen v versehenen Beobachtungen L:

$$\begin{aligned} X_1 &= L_1 + v_1 \\ X_2 &= L_2 + v_2 \\ &\vdots \\ X_n &= L_n + v_n, \end{aligned}$$

so erhält man

$$\begin{aligned} \varphi_1(L_1 + v_1, L_2 + v_2, \ldots, L_n + v_n) &= 0 \\ \varphi_2(L_1 + v_1, L_2 + v_2, \ldots, L_n + v_n) &= 0 \\ \vdots \quad & \quad \vdots \\ \varphi_n(L_1 + v_1, L_2 + v_2, \ldots, L_n + v_n) &= 0. \end{aligned} \tag{3}$$

Entwickelt man nach Taylor und setzt man zur Abkürzung:

$$\begin{aligned} \frac{\partial \varphi_1}{\partial L_1} &= a_1 \quad \frac{\partial \varphi_1}{\partial L_2} = a_2 \cdots \frac{\partial \varphi_1}{\partial L_n} = a_n \\ \frac{\partial \varphi_2}{\partial L_1} &= b_1 \quad \frac{\partial \varphi_2}{\partial L_2} = b_2 \cdots \frac{\partial \varphi_2}{\partial L_n} = b_n \\ \frac{\partial \varphi_3}{\partial L_1} &= c_1 \quad \frac{\partial \varphi_3}{\partial L_2} = c_3 \cdots \frac{\partial \varphi_3}{\partial L_n} = c_n \quad \text{usw.;} \end{aligned}$$

ferner:

$$\begin{aligned} \varphi_1(L_1, L_2, \ldots, L_n) &= w_1 \\ \varphi_2(L_1, L_2, \ldots, L_n) &= w_2 \\ \varphi_3(L_1, L_2, \ldots, L_n) &= w_3, \end{aligned}$$

so ergeben sich bei Vernachlässigung der zweiten und höheren Potenzen von v die Gleichungen:

$$\begin{aligned} a_1 v_1 + a_2 v_2 + \cdots + a_n v_n + w_1 &= 0 \\ b_1 v_1 + b_2 v_2 + \cdots + b_n v_n + w_2 &= 0 \\ c_1 v_1 + c_2 v_2 + \cdots + c_n v_n + w_3 &= 0. \end{aligned} \tag{4}$$

Nunmehr stelle man mit Hilfe der Koeffizienten der Gleichungen (4) die Normalgleichungen nach folgendem Schema auf:

$$\begin{aligned} \left[\frac{aa}{p}\right] k_1 + \left[\frac{ab}{p}\right] k_2 + \left[\frac{ac}{p}\right] k_3 + w_1 &= 0 \\ \left[\frac{ab}{p}\right] k_1 + \left[\frac{bb}{p}\right] k_2 + \left[\frac{bc}{p}\right] k_3 + w_2 &= 0 \\ \left[\frac{ac}{p}\right] k_1 + \left[\frac{bc}{p}\right] k_2 + \left[\frac{cc}{p}\right] k_3 + w_3 &= 0. \end{aligned} \tag{5}$$

Diese Normalgleichungen werden nach der Gaußschen Methode nach den Hilfsgrößen oder „Korrelaten“ k aufgelöst. Sind diese ermittelt, so lassen sich die gesuchten Zuschläge $v_1, v_2, \ldots, v_n$ aus den *Korrelatengleichungen* bestimmen, welche lauten:

$$\begin{aligned} v_1 &= \frac{a_1}{p_1} k_1 + \frac{b_1}{p_1} k_2 + \frac{c_1}{p_1} k_3 \\ v_2 &= \frac{a_2}{p_2} k_1 + \frac{b_2}{p_2} k_2 + \frac{c_2}{p_2} k_3 \\ &\vdots \\ v_n &= \frac{a_n}{p_n} k_1 + \frac{b_n}{p_n} k_2 + \frac{c_n}{p_n} k_3 . \end{aligned} \tag{6}$$

Der m. F. einer Beobachtung vom Gewichte $p = 1$ berechnet sich zu

$$m_L = \sqrt{\frac{[vv \cdot p]}{r}}, \tag{7}$$

wobei r die Anzahl der Bedingungsgleichungen bedeutet. Im vorliegenden Falle ist $r = 3$ (s. Gl. (2)).

Zur Kontrolle berechne man schließlich noch $[w \cdot k]$; es muß nämlich

$$[vv \cdot p] = -[w \cdot k] \quad \text{sein.}$$

61. Aufgabe. In dem nebenstehend skizzierten Nivellementsnetz sind die folgenden Höhenunterschiede ermittelt worden; die Messungen sind nach bedingten Beobachtungen auszugleichen.

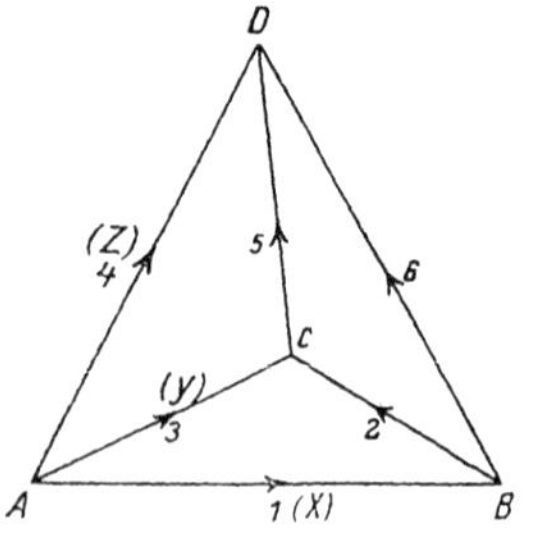

Fig. 6.

Beobachtung	Höhenunterschied zwischen	m	Entfg. e km
L_1	A und B	26,318	13,0
L_2	B „ C	6,245	19,2
L_3	A „ C	32,557	24,6
L_4	A „ D	80,244	36,3
L_5	C „ D	47,702	12,6
L_6	B „ D	53,914	28,8

Lösung: Zur Bestimmung der in der Figur gezeichneten Höhenunterschiede hätten drei Messungen genügt — etwa die 1., 3. und 4.:

$$\begin{aligned} L_1 &= 26,318 \\ L_3 &= 32,557 \\ L_4 &= 80,244. \end{aligned}$$

Da die Teilnivellements sich über verschiedene Längen erstrecken, haben sie verschiedene Gewichte; diese setzt man im vorliegenden Falle am einfachsten umgekehrt proportional der Entfernung, und man erhält:

$$p_1 = \frac{1}{13}$$

$$p_2 = \frac{1}{19{,}2} \quad \text{usf.}$$

Die überschüssigen Beobachtungen müssen zu den oben ausgewählten in Beziehung gebracht werden; sie liefern alsdann, wenn man die Figuren *rechtläufig* umfährt und das Steigen (Richtung der Pfeile) als positiv ansieht, folgende voneinander unabhängige drei Bedingungsgleichungen:

$$-(L_1 + v_1) + (L_3 + v_3) - (L_2 + v_2) = 0; \quad (\triangle\, ABC)$$

$$(L_4 + v_4) - (L_5 + v_5) - (L_3 + v_3) = 0; \quad (\triangle\, ADC)$$

$$(L_2 + v_2) + (L_5 + v_5) - (L_6 + v_6) = 0; \quad (\triangle\, DBC).$$

Nach Taylor entwickelt folgt hieraus gemäß Gleichung (4):

$$-v_1 + v_3 - v_2 - 6 = 0$$

$$v_4 - v_5 - v_3 - 15 = 0$$

$$v_2 + v_5 - v_6 + 33 = 0.$$

Die Koeffizienten der Normalgleichungen berechnet man zweckmäßig wieder tabellarisch wie folgt:

$\frac{1}{p}$	a	b	c	$\frac{aa}{p}$	$\frac{ab}{p}$	$\frac{ac}{p}$	$\frac{bb}{p}$	$\frac{bc}{p}$	$\frac{cc}{p}$	w
13,0	− 1	0	0	13,0	0	0	0	0	0	− 6
19,2	− 1	0	1	19,2	0	− 19,2	0	0	19,2	− 15
24,6	+ 1	− 1	0	24,6	− 24,6	0	24,6	0	0	+ 33
36,3	0	1	0	0	0	0	36,3	0	0	
12,6	0	− 1	1	0	0	0	12,6	− 12,6	12,6	
28,8	0	0	− 1	0	0	0	0	0	28,8	
134,5	− 1	− 1	+ 1	56,8	− 24,6	− 19,2	73,5	− 12,6	60,6	

Die Normalgleichungen lauten demnach:

$$56{,}8\,k_1 - 24{,}6\,k_2 - 19{,}2\,k_3 - 6 = 0$$

$$-24{,}6\,k_1 + 73{,}5\,k_2 - 12{,}6\,k_3 - 15 = 0$$

$$-19{,}2\,k_1 - 12{,}6\,k_2 + 60{,}6\,k_3 + 33 = 0.$$

Löst man sie nach den Korrelaten auf, so findet man:

$$k_1 = -0{,}0307$$

$$k_2 = +0{,}102$$

$$k_3 = -0{,}533.$$

Die Verbesserungen v lassen sich nunmehr nach Gleichung (6) bestimmen; man erhält:

$$v_1 = \quad 0{,}4 \qquad v_4 = + \quad 3{,}6$$
$$v_2 = - \; 9{,}66 \qquad v_5 = - \quad 8{,}0$$
$$v_3 = - \; 3{,}5 \qquad v^6 = + \; 15{,}4.$$

Bildet man die Produkte $vv \cdot p$ und addiert sie, so folgt

$$[vv \cdot p] = 18{,}97.$$

Andererseits erhält man für $[w \cdot k]$:

$$+ \, 0{,}18 - 1{,}53 - 17{,}59 = - \, 18{,}94.$$

Die Bedingung $[vv \cdot p] = -[wk]$ ist also hinreichend genau erfüllt.

Der m. F. eines Nivellements von der Gewichtseinheit, d. h. hier von 1 km Länge berechnet sich gemäß Formel 7 zu

$$m_L = \sqrt{\frac{18{,}97}{3}} = \pm \, 2{,}5 \text{ mm}.$$

Die ausgeglichenen Höhenunterschiede, die keine Widersprüche mehr zeigen, sind:

$$L_1 + v_1 = 26{,}3184 \qquad L_4 + v_4 = 80{,}2476$$
$$L_2 + v_2 = \;\; 6{,}2353 \qquad L_5 + v_5 = 47{,}6940$$
$$L_3 + v_3 = 32{,}5535 \qquad L_6 + v_6 = 33{,}9294.$$

Die vorstehende Aufgabe ist bereits in Abschn. IV nach dem für „vermittelnde Beobachtungen“ gebräuchlichen Verfahren durchgerechnet worden. Welcher Methode man sich in einem gegebenen Falle bedient, ist an sich gleichgültig; ausschlaggebend wird im allgemeinen die Mühe sein, welche die Auflösung der Normalgleichungen verursachen wird. Die Ausgleichung nach vermittelnden Beobachtungen verdient aber im allgemeinen den Vorzug, vor allem bei nichtlinearer Form der Fehler- bzw. Bedingungsgleichungen, da hier die Ermittelung der Gewichte nicht selten Schwierigkeiten bereitet.

VII. Einige andere Probleme, die sich mit Hilfe der Methode der kleinsten Quadrate lösen lassen.

18. **Ausgleichung periodischer Vorgänge.** Das Wesen der Ausgleichung besteht in den bisher behandelten Fällen darin, daß man die vorgelegten Beobachtungen durch Anbringen von Verbesserungen v derart modifiziert, daß sie gewisse mathematische Bedingungen, die in der Regel durch bekannte Naturgesetze gegeben sind, erfüllen. Außerdem bestimmt man die v so, daß bei *gleich* genauen Beobachtungen $[vv]$, bei *verschieden* genauen Beobachtungen $[vv \cdot p]$ ein Minimum wird. Die Größe der einzelnen

Abweichungen v von den Beobachtungen bilden die Grundlage zur Ermittelung der Zuverlässigkeit bzw. Genauigkeit der Einzelbeobachtungen und des Ergebnisses. Das Naturgesetz war also bisher das Feststehende (das Primäre), dem die Beobachtungen untergeordnet werden mußten.

Aber auch der umgekehrte Fall wäre denkbar, nämlich, daß die Beobachtungen als feststehend angesehen werden müssen und nun die Aufgabe besteht, ein Naturgesetz zu finden, das sich den Beobachtungen nach Möglichkeit anpaßt.

Wir beschränken unsere Betrachtungen zunächst auf solche Zusammenhänge, die periodischer Natur sind, oder sich doch wenigstens als solche auffassen bzw. darstellen lassen. Bekanntlich kann man diese analytisch durch eine nach sin und cos der ein-, zwei-, dreifachen usw. Werte der Variablen fortschreitende Reihe ausdrücken:

$$\begin{aligned} f(t) = L = A_0 + A_1 \cos t + A_2 \cos 2t + \cdots \\ + B_1 \sin t + B_2 \sin 2t + \cdots \end{aligned} \qquad (1)$$

wobei nach Fourier

$$A_i = \frac{1}{\pi} \int_0^{2\pi} f(t) \cos it \cdot dt$$

$$B_i = \frac{1}{\pi} \int_0^{2\pi} f(t) \sin it \cdot dt \qquad (2)$$

$$i = 1, 2, 3 \ldots \infty .$$

Hat man einen Vorgang durch eine endliche Anzahl n von Beobachtungen, die sich in gleichen Abständen über eine Periode erstrecken, fixiert, so ergibt die Berechnung von n Koeffizienten A_0, B_1, $A_1 \ldots$ eine *genaue* Darstellung dieser Beobachtungswerte. Berechnet man weniger, so gibt die Reihe nur eine mehr oder minder gute *Annäherung*, die jedoch für manche Zwecke, z. B. zur Erkennung gewisser Gesetzmäßigkeiten innerhalb des periodischen Verlaufs oder für die rechnerische Interpolation wertvoller sein kann als die strenge Darstellung. Die Koeffizienten A_0, B_1, $A_1 \ldots$ der näherungsweisen Darstellung entsprechen der M. d. kl. Qu., wenn man auf Grund der Gleichungen (1) die Fehlergleichungen aufstellt und hieraus die Normalgleichungen in der bekannten Weise ableitet und auswertet.

62. Aufgabe. Für nachstehende Beobachtungen, welche die mittlere tägliche Amplitude der Lufttemperatur innerhalb eines Jahres nach Quetelet darstellen, soll eine Interpolationsformel angegeben werden.

Monat:	Jan.	Febr.	März	April	Mai	Juni	Juli	Aug.	Sept.
$L =$	4,66	5,42	6,77	8,59	9,87	10,09	9,71	9,14	8,16
	Okt.	Nov.	Dez.						
	6,55	5,10	4,41	Celsiusgrade.					

Lösung: Die Periode beginnt Mitte Januar und ist in 12 gleiche Teile geteilt; daher:

	Mitte Jan.	Febr.	März	April	...
	$t = \frac{0}{12}$	$\frac{1}{12}$	$\frac{2}{12}$	$\frac{3}{12}$	...
im Gradmaß	$t = 0$	30^0	60^0	90^0	...

Allgemein also $t = 30\,i,$

wenn i die Anzahl der Monate von Januar ab bedeutet.

Für jede Amplitude L gilt Gleichung (1):

$$\begin{aligned} L_i = A_0 &+ B_1 \sin 30i + A_1 \cos 30i \\ &+ B_2 \sin 60i + A_2 \cos 60i \\ &+ B_3 \sin 90i + B_3 \cos 90i \\ &+ \cdots \qquad + \cdots \end{aligned}$$

Begnügt man sich mit nur 3 Koeffizienten, so erhält man mit Rücksicht auf die vorgelegten Beobachtungen L folgende Fehlergleichungen:

$$\begin{aligned}
&A_0 && + 1{,}000\,A_1 - 4{,}66 = v_1 \\
&A_0 + 0{,}500\,B_1 && + 0{,}886\,A_1 - 5{,}42 = v_2 \\
&A_0 + 0{,}866\,B_1 && + 0{,}500\,A_1 - 6{,}77 = v_3 \\
&A_0 + 1{,}000\,B_1 && - 8{,}59 = v_4 \\
&A_0 + 0{,}866\,B_1 && - 0{,}500\,A_1 - 9{,}63 = v_5 \\
&A_0 + 0{,}500\,B_1 && - 0{,}866\,A_1 - 10{,}09 = v_6 \\
&A_0 && - 1{,}000\,A_1 - 9{,}71 = v_7 \\
&A_0 - 0{,}500\,B_1 && - 0{,}866\,A_1 - 9{,}14 = v_8 \\
&A_0 - 0{,}866\,B_1 && - 0{,}500\,A_1 - 8{,}16 = v_9 \\
&A_0 - 1{,}000\,B_1 && - 6{,}55 = v_{10} \\
&A_0 - 0{,}866\,B_1 && + 0{,}500\,A_1 - 5{,}10 = v_{11} \\
&A_0 - 0{,}500\,B_1 && + 0{,}866\,A_1 - 4{,}41 = v_{12}.
\end{aligned}$$

Hieraus folgen die Normalgleichungen:

$$\begin{aligned}
12\,A_0 \qquad\qquad & - 88{,}43 = 0 \\
6\,B_1 \qquad & - 5{,}912 = 0 \\
6\,A_1 & + 16{,}250 = 0
\end{aligned}$$

und man erhält:

$$A_0 = +\,7{,}369; \quad B_1 = +\,0{,}925; \quad A_1 = -\,2{,}708;$$

die gesuchte Gleichung lautet demnach:

$$L_i = 7{,}369 + 0{,}985 \sin 30i - 2{,}708 \cos 30\,i.$$

Die nebenstehende Zusammenstellung der beobachteten und der gemäß dieser Gleichung berechneten Werte gestattet ein Urteil über den Grad der bereits erreichten Übereinstimmung.

Monat	L beob.	L berechn.	v	vv
Jan.	4,66	4,62	$-0,04$	0,0016
Febr.	5,42	5,50	$+0,08$	0,0064
März	6,77	6,85	$+0,07$	0,0049
April	8,59	8,43	$-0,16$	0,0256
Mai	9,83	9,55	$-0,28$	0,0786
Juni	10,09	10,20	$+0,11$	0,0121
Juli	9,71	10,08	$+0,37$	0,1440
Aug.	9,14	9,24	$+0,10$	0,0100
Sept.	8,16	7,89	$-0,27$	0,0719
Okt.	6,55	6,41	$-0,14$	0,0196
Nov.	5,10	5,17	$+0,09$	0,0081
Dez.	4,41	4,54	$+0,13$	0,0169
				0,3997

Aus $[vv] = 0{,}3997$ folgt als mittlere Abweichung

$$\mu = \sqrt{\frac{0{,}3997}{12-3}} = \pm 0{,}21^0.$$

Durch Bestimmung weiterer Konstanten nach dem gleichen Verfahren kann die mittlere Abweichung auf ein beliebig geringes Maß herabgedrückt werden.

19. Näherungsweise Darstellung beliebiger Funktionen. Auch andere Funktionen lassen sich näherungsweise darstellen, d. h. durch andere Funktionen einfacheren Baues wenigstens innerhalb gewisser Intervalle ersetzen. An sich können natürlich derartige Aufgaben auch ohne Anwendung der Methode der kleinsten Quadrate gelöst werden, indem man einfach die gegebene Funktion für das betr. Bereich aufzeichnet und nun die Ersatzkurve (Kreis oder Gerade) so einträgt, daß sie sich der gegebenen Kurve möglichst anschmiegt. So können gewisse Teile der *Krümmungskreise* an analytisch definierten Kurven als recht gute Näherungskurven für die eigentliche Funktion in der Gegend des Berührungspunktes angesehen werden. Auch die Flügelgleichung der Aufg. 54 (Fig. 4, S. 55) kann man als eine näherungsweise Darstellung des wirklichen — hier übrigens nicht bekannten — naturgesetzlichen Zusammenhanges auffassen.

In welcher Weise man zu verfahren hat, wenn man eine gegebene Funktion innerhalb gewisser Grenzen durch eine *Gerade* ersetzen will, die so liegt, daß die Abweichungen zwischen den Geraden und der genauen Kurve der M. d. kl. Qu. entsprechen, mag folgendes Beispiel zeigen.

63. Aufgabe. Es soll die Parabel $y = \sqrt{1+x}$ für $\lambda]_{-1}^{+1}$ durch eine Gerade $y' = 1 + \alpha x$ so dargestellt werden, daß die Quadrate der Differenzen $\sqrt{1+x} - (1+\alpha x)$ ein Minimum werden.

Lösung: Die Fehlergleichungen lauten allgemein:

$$\sqrt{1+x} - (1+\alpha x) = v \quad \text{oder} \quad \alpha x - \left(\sqrt{1+x} - 1\right) = v.$$

Nimmt man für x verschiedene Werte an, so läßt sich für jeden eine Fehlergleichung aufstellen:

x	$\sqrt{1+x}-1$	
-1	-1	$-\alpha \quad +1 \quad = v_1$
$-0{,}8$	$-0{,}553$	$-0{,}8\alpha + 0{,}553 = v_2$
$-0{,}6$	$-0{,}369$	$-0{,}6\alpha + 0{,}369 = v_3$
$\vdots$	$\vdots$	$\vdots \quad \vdots \quad \vdots$

Auf Grund dieser Fehlergleichungen kann nach dem bekannten Schema die Normalgleichung aufgestellt werden. Schneller und eleganter jedoch führt folgende Überlegung zum Ziele.

Nimmt man die Änderung von x in ganz kleinen Intervallen dx vor und gibt man jeder Fehlergleichung das Gewicht dx, so ergibt sich ohne weiteres als Normalgleichung:

$$\alpha \left[x^2\,dx\right]_{-1}^{+1} = \left[(x\sqrt{1+x} - x)\,dx\right]_{-1}^{+1}$$

oder

$$\alpha = \frac{\int\limits_{-1}^{+1}(x\sqrt{1+x} - x)\,dx}{\int\limits_{-1}^{+1} x^2\,dx}.$$

Die Auswertung dieses Integrals liefert:

$$\alpha = \frac{\frac{4\sqrt{2}}{15}}{\frac{2}{3}} = 0{,}566.$$

Die gesuchte Gerade hat daher die Gleichung:

$$y = 1 + 0{,}566\,x.$$

VIII. Zulässigkeit der Anwendung der Methode der kleinsten Quadrate.

Wir haben im vorstehenden die einzelnen Methoden der Ausgleichungsrechnung auf die verschiedensten Probleme der physikalischen, technischen und geodätischen Meßtechnik angewendet, ohne uns darüber Rechenschaft zu geben, ob denn diese Anwendung auch immer zulässig sei. Es wurde oben bereits darauf hingewiesen, daß eigentlich nichts zur allgemeinen Annahme des Gaußschen Ausgleichungsverfahrens *zwingt*; man hat es gleichwohl angenommen, weil es in seinen Konsequenzen zu keinen Widersprüchen führt, und weil die Ergebnisse, solange die auszugleichenden Beobachtungen gewisse Voraussetzungen erfüllen, in jeder Beziehung befriedigen. Diese Voraussetzungen sind:

1. Die Beobachtungsfehler, die durch das Ausgleichungsverfahren eliminiert werden sollen, müssen *zufällige* Fehler sein, d. h. die

Beobachtungen müssen frei sein von systematischen und konstanten Fehlern.

2. Die Beobachtungsfehler sollen im Vergleich zu den gemessenen Werten von so geringer Größenordnung sein, daß ihre zweiten und höheren Potenzen vernachlässigt werden dürfen. —

In jedem Falle müßte also *vor* der Ausgleichung untersucht werden, ob diese beiden Forderungen erfüllt sind.

Was zunächst die systematischen und konstanten Fehler anlangt, so ist dazu folgendes zu bemerken:

Im allgemeinen ist man bestrebt, diese Art Fehler durch geeignete Messungsmethoden, durch Wiederholung der Messung mit anderen Instrumenten oder nach verschiedenen Verfahren usw. zu eliminieren. Trotzdem kommt es nicht selten vor, daß konstante bzw. systematische Fehler aus nicht erkannten oder nicht beachteten Quellen in die Messungen eingehen und das Resultat fälschen. Die Folge ist dann, daß die errechneten mittleren Fehler zur Beurteilung der erzielten Zuverlässigkeit unbrauchbar sind; sie lassen alsdann lediglich einen Schluß auf die erzielte Ablese- oder Einstellgenauigkeit zu. Der Irrtum, daß die Ablesegenauigkeit gleich der Meßgenauigkeit gesetzt wird, ist so außerordentlich häufig, daß ein Hinweis darauf nicht überflüssig erscheint. Um ein Beispiel anzuführen: Ein Klappmaßstab (Zollstock) ist bekanntlich in Millimeter eingeteilt und gestattet daher, Ablesungen auf ein mm, ja u. U. sogar noch genauer zu machen. Trotzdem wäre es hier zwecklos, die Ablesegenauigkeit bis zum äußersten zu treiben, da infolge der nicht genau angebrachten Scharniere, vorhandener Teilungsfehler usw. die wirkliche Meßgenauigkeit selten höher als $\pm$ 2 mm sein wird.

Doch kehren wir zum Ausgangspunkte zurück. — Eine Entscheidung, ob in einem vorgelegten Beobachtungsmaterial die auftretenden Widersprüche ausschließlich auf zufällige Fehler zurückzuführen seien, ist schwerlich zu treffen. Immerhin bietet die Art der Fehlerverteilung, d. h. das Verhältnis

$$\frac{\text{Größe des Einzelfehlers}}{\text{Häufigkeit des Fehlers}}$$

einen gewissen Anhalt.

Auf Grund systematischer Untersuchungen und unter den Voraussetzungen, daß

1. ein positiver und ein gleich großer negativer Fehler ε gleich wahrscheinlich sei,
2. daß es wahrscheinlicher sei, einen kleinen als einen größeren Fehler ε zu begehen,
3. daß es am wahrscheinlichsten sei, eine Beobachtung fehlerfrei zu erhalten,

hat nämlich Gauß ein nach ihm benanntes *Fehlergesetz* abgeleitet, auf welches sich seine ganze Ausgleichungsrechnung stützt. Es lautet:

$$\varphi(\varepsilon) = \frac{h}{\pi} \cdot e^{-h^2 \cdot \varepsilon^2},$$

wobei e = Basis der natürlichen Logarithmen,
h = eine von der Genauigkeit der Beobachtungen und der Maßeinheit, in der der Fehler ε ausgedrückt ist, abhängige Konstante bedeutet.

Nur wenn die Beobachtungsfehler dieses Gesetz befolgen, liefern die behandelten Ausgleichungsverfahren die wahrscheinlichsten Werte, und die gegebenen Formeln die der Definition entsprechenden mittleren Fehler.

Trägt man die Fehler ε als Abszissen, die Werte für $\varphi(\varepsilon)$ als Ordinaten in ein Kartesisches Koordinatensystem ein, so erhält man eine Kurve von der Form der Fig. 7; bei gegebenem h kann man aus ihr ohne weiteres die wahrscheinliche Häufigkeit eines Fehlers von gegebener Größe entnehmen.

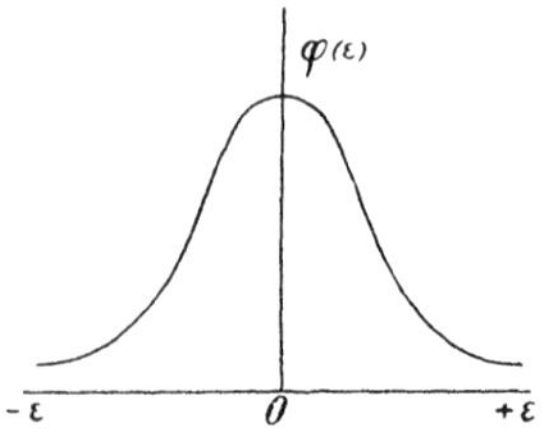

Fig. 7.

Die Erfahrung lehrt nun, daß die *wirklichen* Beobachtungsfehler, ganz gleich, ob es sich um solche bei exakten geodätischen und physikalischen oder solche bei gröberen technischen Messungen handelt, sich in einer dieser Kurve entsprechenden Weise verteilen, so daß in diesem Falle also die erste Forderung als erfüllt angesehen werden darf.

Auch anderweit, wenn man nämlich irgendwelche Größen oder sonstige zahlenmäßig erfaßbare Werte, die unter dem Einfluß von „Naturgesetzen" stehen, und die bei ihrer Entstehung vielerlei Zufälligkeiten ausgesetzt sind, miteinander vergleicht, findet sich das Gaußsche Fehlergesetz vielfach bestätigt.

Läßt man eine Kugel oftmals ein mit Nägeln gespicktes Brett herabrollen, so wird man beobachten, daß sie nicht immer dieselbe Stelle am Ende des Brettes erreicht; sie wird vielmehr gelegentlich mehr links, dann wieder mehr rechts von der im allgemeinen erreichten Stelle ankommen. Trägt man die Abweichungen von dem mittleren Endpunkt der Kugelbahnen als Abszissen, die Häufigkeit des Erreichens dieser Punkte als Ordinaten in ein Koordinatensystem ein, so ergibt sich eine Kurve von der Form der Fig. 7.

Oder stellt man, um ein weiteres Beispiel dieser Art anzuführen, die nach Noten bewerteten Leistungen der Schüler einer bestimmten Klasse zusammen, so findet man bekanntlich meist nur wenige Schüler mit besonders guten und besonders schlechten Noten; im allgemeinen werden sich die Leistungen um einen gewissen Durchschnitt gruppieren. Die graphische Darstellung liefert auch hier wieder eine Kurve von der Form der Fig. 7; das bedeutet nichts weniger, als daß die Berechnung der Durchschnittsleistung nach dem Gaußschen Ausgleichungsverfahren den wahrscheinlichsten Mittelwert[1]) liefern wird.

Nicht ganz so klar liegen die Verhältnisse bezüglich der Größenordnung der einzelnen Beobachtungsfehler. Bei geodätischen und exakten physikalischen Messungen sind die Fehler in der Regel so klein, daß die oben aufgestellte zweite Forderung als erfüllt angesehen werden kann. Nicht immer ist dies aber der Fall bei solchen rein technischen Messungen, bei denen sich die Versuchsbedingungen von Augenblick zu Augenblick ändern. Man denke beispielsweise an eine im Betriebe vorgenommene Rauchgasanalyse, die, mehrfach wiederholt, jedesmal bis zu 100 % vom Durchschnitt abweichende Werte liefert. Soll da eine exakte Ausgleichung überhaupt noch einen Sinn haben? Da die zweite Bedingung nicht erfüllt ist, wäre eine Ausgleichung nicht zulässig; würde sie trotzdem vorgenommen, so wären eben die errechneten Mittelwerte nicht die wahrscheinlichsten Werte. Nun kommt es aber, wie an anderer Stelle bereits ausgeführt wurde, bei der Ausgleichung technischer Messungen weniger auf die Bestimmung des wahrscheinlichsten Wertes der Beobachtungen als vielmehr darauf an, die Zuverlässigkeit der Angaben zu ermitteln, wozu bekanntlich der mittlere Fehler herangezogen wird. Im allgemeinen sind die im Ausgleichungsverfahren gefundenen mittleren Fehler der Einzelbeobachtungen bzw. der Mittelwerte selbst unter so ungünstigen Verhältnissen, wie oben angenommen wurde, noch genau genug, um einigermaßen sichere Schlüsse ziehen zu können. Allerdings verliert in solchen Fällen der mittlere Fehler seine Bedeutung als Maß für die „Genauigkeit“ der einzelnen Messung; er gibt dann vielmehr an, zwischen welchen mittleren Grenzen die — an sich fehlerfrei gedachten — Beobachtungen während der Versuchsdauer schwankten. Daß diese Kenntnis von Bedeutung sein kann, zeigt Aufgabe 25. Jedenfalls steht fest, daß auch eine Ausgleichung von Betriebsmessungen, beim Vorhandensein größerer unkontrollierbarer (d. h. zufälliger!) Schwankungen, brauchbare Ergebnisse zeitigt: Kein anderes, einfacheres Verfahren ist imstande, einen wahrscheinlicheren Wert für die durchschnittlichen Verhältnisse zu liefern oder die Größe der Betriebsschwankungen u. dgl. sicherer zu bewerten, als dies der im Ausgleichungsverfahren gefundene „mittlere Fehler“ tut. Diese Erkenntnis ist übrigens außerordentlich wertvoll; bereitet sie doch der Anwendung der Ausgleichungsrechnung den Boden auch dort, wo sie bisher als überflüssige, weil zwecklose Rechenarbeit angesehen wurde.

1) Für die Auswertung von Intelligenzprüfungen, wie sie heute die Industrie zur Erlangung möglichst hochwertigen Nachwuchses anstellt, ist diese Tatsache von Bedeutung.

Literatur:

F. R. Helmert, Die Ausgleichungsrechnung nach der Methode der kleinsten Quadrate. 2. Aufl. Leipzig 1907, B. G. Teubner.
W. Jordan, Handbuch der Vermessungskunde. I. Bd. Ausgleichungsrechnung nach der Methode der kleinsten Quadrate. Herausgegeben von Dr. C. Reinhertz. Stuttgart 1904, J. B. Metzlersche Buchhandlung.
E. Hegemann, Übungsbuch für die Anwendung der Ausgleichungsrechnung nach der Methode der kleinsten Quadrate auf die praktische Geometrie. 3. Aufl. Berlin 1908, Paul Parey.
W. Weitbrecht, Ausgleichungsrechnung nach der Methode der kleinsten Quadrate. Leipzig 1906. (Sammlung Göschen.)
F. Kohlrausch, Lehrbuch der praktischen Physik. 12. Aufl. Leipzig 1914, B. G. Teubner.

Zusammenstellung der physikalischen und technischen Beispiele.

TEUBNERS TECHNISCHE LEITFÄDEN
BAND 19

H. KAYSER

EISENBETONBAU

IG · VERLAG B. G. TEUBNER · BERLIN

GPSR Compliance

The European Union's (EU) General Product Safety Regulation (GPSR) is a set of rules that requires consumer products to be safe and our obligations to ensure this.

If you have any concerns about our products, you can contact us on ProductSafety@springernature.com

In case Publisher is established outside the EU, the EU authorized representative is:

Springer Nature Customer Service Center GmbH
Europaplatz 3
69115 Heidelberg, Germany

Batch number: 10577915

Printed by Printforce, the Netherlands